U0125461

（原书第4版）

12 powerful tools for leadership,
coaching，and results，4th Edition

改变提问，
改变人生

12个改善生活与工作的
有力工具

[美] 梅若李·亚当斯 /著

张慧卉 曾一巳 /译

Change Your Questions
Change Your Life

机械工业出版社
CHINA MACHINE PRESS

北京市版权局著作权合同登记　图字：01-2022-7091 号。

图书在版编目（CIP）数据

改变提问，改变人生：12 个改善生活与工作的有力工具：原书第 4 版 /（美）梅若李·亚当斯（Marilee Adams）著；张慧卉，曾一已译 . 一北京：机械工业出版社，2023.12

书名原文：Change Your Questions, Change Your Life: 12 Powerful Tools for Leadership, Coaching, and Results, 4th Edition

ISBN 978-7-111-74352-1

Ⅰ.①改⋯　Ⅱ.①梅⋯ ②张⋯ ③曾⋯　Ⅲ.①思维心理学 – 通俗读物　Ⅳ.① B842.5

中国国家版本馆 CIP 数据核字（2023）第 229898 号

机械工业出版社（北京市百万庄大街 22 号　邮政编码 100037）
策划编辑：白　婕　　　　　　　责任编辑：白　婕　　崔晨芳
责任校对：王乐廷　　王　延　　责任印制：邹　敏
三河市宏达印刷有限公司印刷
2024 年 2 月第 1 版第 1 次印刷
147mm × 210mm · 7.875 印张 · 1 插页 · 143 千字
标准书号：ISBN 978-7-111-74352-1
定价：69.00 元

电话服务　　　　　　　　　　网络服务
客服电话：010-88361066　　机 工 官 网：www.cmpbook.com
　　　　　010-88379833　　机 工 官 博：weibo.com/cmp1952
　　　　　010-68326294　　金 书 网：www.golden-book.com
封底无防伪标均为盗版　　　　机工教育服务网：www.cmpedu.com

赞誉 ··················

虽然好奇心和敏锐的触角是伟大领导者的基本特质，但亚当斯博士走得更远，她提出了如何使用问题来阐明选择……她是一个很棒的演讲人。

——莉兹·巴伦

马里兰大学史密斯商学院高管教育高级主管

在提出真正重要的问题方面，梅若李比我认识的任何人都聪明。

——莉莲·布朗

Your Public Best 一书的作者

处于这个复杂的世界中，我们必须提出不同的问题，但是习惯的力量又将我们扔进评判者泥潭。亚当斯博士告诉我们如何走出评判者泥潭，如何置身于泥潭之外，以及如何借助不同的问题来改善我们的人际关系、工作和人生。

——珍妮弗·加维·贝格博士
畅销书《走出心智误区》作者

如果不用诸如"改变人生的、卓越不凡的、开拓思维的"这样的顶级词语，还真不容易描述《改变提问，改变人生》这本书。这本书成为国际畅销书是有它的原因的……它唤醒了读者，给他们带来新的思维模式，令他们对合作和沟通有了新的理解。

——G.肖恩·亨特
Out Think 一书的作者，*MindScaling* 联合创始人兼总裁

这本书中的开创性内容不仅提升了领导者对领导力和教练技术的看法，也改变了他们对待人生的态度。它为数千位参与"关键高管领导力"课程的学员开启了新的大门，让他们看到了一个充满反思、提问、个人成长和专业成长的世界……可以说，它使人们在各个方面都做出了改变。

——帕特里克·S.马龙博士
美利坚大学公共管理和政策系关键高管领导力课程主任

提问式思维的应用已经使我们的团队和管理者处理难题的方式彻底发生了改变。它也使人们在行为层面产生了立竿见影且持续的改变。在组织文化中，越多的人学习这

些方法，这些方法对生产力和最终效益产生的积极影响就越大。

——卡梅拉·格拉纳多
伟创力组织效率高级总监

《改变提问，改变人生》讲述的是一个简单有趣的故事，充满了意义深远、变革的可能性……这一优雅的、设计精妙的工具给了我们实际的帮助，让我们在医疗领域的各个方面创造了长久的、有意义的成果。

——大卫·W.摩恩
医学博士，TeamMD公司董事会主席

这是一种在商业领域和个人问题的解决方面极有洞察力的方法，它注定会在商业领域产生强大的影响力。

——凯茜·利奇
康卡斯特公司品牌和广告执行理事

这是对行动学习领域非常棒的贡献！

——贝亚·卡森博士
国际行动学习协会联合创始人兼总裁

《改变提问，改变人生》为我们提供了一张无价的地图，帮助我们真正了解如何以最佳方式寻找我们所面临的问题的核心。它是每一位人力资源和领导力发展专业人士的必读书，具有非常大的冲击力。

> ——史蒂夫·米兰达
> 康奈尔大学劳资关系学院董事总经理

作为一名领导力教练和行为科学家，我知道要让人改变自己的行为、生活和心态有多么重要。亚当斯博士给了我们一个简单却极好的系统，帮助我们开放心态，进而实现突破。

> ——玛西亚·雷诺兹
> 心理学博士，*The Discomfort Zone* 一书的作者，
> 国际教练联合会前总裁

提问式思维为患者、家属与临床医生提供了一种以患者和人际关系为中心的护理新机制。既简单又复杂的提问结构在各个层面都有可能对健康护理的改革做出贡献。

> ——辛迪·希尔顿·拉什顿博士
> 注册护士，美国护理科学院院士，
> 伯曼生命伦理学研究所及护理学院
> *Anne and George L. Bunting* 临床伦理学教授
> 约翰·霍普金斯大学护理与儿科教授

我与《改变提问，改变人生》共鸣，因为它讲的是不仅要知道答案，而且要知道如何提出那些可以改变我们人生的问题。亚当斯博士的方法绝对是我所从事的欣赏式探询和SOAR工作的基础，是完美的统一！她的选择地图对于任何

一位想要学习探询艺术的人而言，都是极有价值的资源……此书对领导力和管理领域的贡献非常大……这是一本简单易读且非常有意思的书，有很多真实生活中的例子，充满了非常有洞察力的智慧，能够对你和你下属的生活产生非常积极的正面影响。

——杰奎琳·M.斯塔夫罗斯博士
劳伦斯技术大学教授，SOAR 组织的创始人
与大卫·库珀里德和黛安娜·惠特尼合著
The Appreciative Inquiry Handbook

这本书是对个人和组织发出的通向成功的邀请函……这本书所介绍的一种惊人的简单练习将带我们远离阻碍成功的评判，并将我们推向可以实现目标的学习……这本书为学习型组织提供了实用的指导。

——维多利亚·马席克博士
哥伦比亚大学教师学院成人教育学教授
《21 世纪学习型组织》合著者

《改变提问，改变人生》是少有的几本我每天都会用到的书。最近我提出了一些学习者问题，很快就把一个在组织中存在了整整一年看似无法解决的情况扭转了。这本书可以改变心态、组织和生活，简直太经典了！

——约翰·麦考利博士
Muskoka 木业领导力实验室总裁兼首席执行官

自从"世界咖啡"诞生以来，梅若李的著作一直都是我们主要的参考资源。对于渴望在关键对话中成功沟通的人而言，这是一本必须要读的书。

——朱安妮塔·布朗
与戴维·伊萨克联合创办世界咖啡并合著
《世界咖啡》一书

《改变提问，改变人生》一书的好评如潮，令人叹为观止。我们在公司的众多领导团队中都分享了此书，并亲眼看到了员工对话方式的转变，也亲身经历了它对我们自己和我们管理层所产生的强有力的影响。

——马尼·艾斯卡

大学健康协会高级副总裁，玛格丽特公主癌症中心高级主管

——彼得里纳·麦克格拉思
加拿大萨斯卡通健康区"人、实践与素质"副总裁

如果你想掌握教练的艺术，那你必须学会提出好问题。快速破解任何场景的方法就是像做外科手术一样精准地提出巧妙的问题。把梅若李·亚当斯的《改变提问，改变人生》作为你的首选资源，一定是没错的。

——大卫·古德史密斯
Conversant 公司总裁

亚当斯博士的书和她的提问式思维对我们肯特州立大学领导力发展项目贡献颇大，这个项目在众多的教育机构中脱颖而出，获得了领导力500强奖。同事们反馈，正是由于《改变提问，改变人生》和亚当斯博士超群的教学技巧，他们经历了很多"灵光一现"的时刻。提问式思维完全改变了我们这些管理者的谈话方式，并且为我们的职业生涯轨迹带来了可衡量的结果。

——罗伯特·M. 霍尔
肯特州立大学培训与组织发展中心主任

梅若李向我们证明了为什么提问式思维对于组织成功是绝对必要的，而且这项能力很容易获得。

——贝弗莉·凯博士
《零成本留住核心人才》一书的合著者

亚当斯博士用清晰易学的方式为我们演示了一种能有意识地改变我们内心探询方式的方法。想象一下，我们能有意识地掌控我们的思想！这是一个非常奇妙的工具，适合所有的教练、领导者和助人者。

——帕梅拉·理查德
文学硕士，大师级认证教练，国际教练联合会前总裁

这本书注定要成为经典之作。把这本书买回家，今天晚

上就开始读。你的人生将从此不同。

——斯图尔特·莱文
The Book of Agreement and Getting to Resolutoon 作者

我真的很喜欢这本书，它是我读过的最实用的一本书。最棒的是，它不是"读了就读了"，你会一遍又一遍地翻开它。而且，你一定会把它分享给朋友和同事，反正我这么做了。

——特蕾西·戴维森
NBC 10 News Phiadelphia 主持人兼消费者报道记者

对于所有想学习如何提出赋能问题的管理者，这本书是一本必读书，它教你提出激励、推动和产生积极变化的问题。这本书能真正改变你的个人和职业生活。

——塔拉·罗达斯
美国邮政监察服务局及监察总局
联合任务支援中心战略学习服务部员工发展经理

序言 ⋯⋯⋯⋯⋯

很少有书能流行到出第 4 版的程度，但是这本书就实现了这一成就，对此我一点也不感到稀奇。你或许好奇，阅读这本书如何能帮助你和你在乎的人在工作和生活方面上一个台阶呢？对此，请你在阅读这本充满实践智慧的书的时候，牢记这一关键问题。梅若李在书中提出了"提问式思维"（Question Thinking, QT）这一系统思维工具，想法很棒，可谓一种可靠的新思维方式，能够为我们的生活、团队和组织带来正面影响。

可以说，书中的很多观点都对我颇有帮助，你肯定也能找到一些对你有所启发的内容。为了帮助大家在工作和家庭中轻松践行提问式思维，这本书提供了一系列方法、技巧和工具。首先，梅若李指出，相比主观判断，专注学习是如何更有效率的。我深知这就是生活更幸福、更充实的关键。

梅若李为我们展示了提问的惊人影响：提问可以引导思考，从而指导行动，得出结果。也就是说，我们可以主动设计出好问题，从而影响未来，达成目标。这就是优秀教练工作的意义所在，也是伟大的领导者所做的，即为我们提供了全新的前景。而梅若李为教练和领导者提供了提问式思维的相关工具，帮助他们优化和完成任务。

可以预见，这本书将成为一本全球畅销书。它深深影响了人们的生活，人们与同事、团队、公司以及家人和朋友一起分享书中的智慧。提问式思维导读中的一个故事说明了一切：一名读者写信给梅若李，说他按照书中的方法获得了成功，以至于主流商业杂志《公司》（*Inc.*）都报道了他的公司。正因为这样的成功案例非常多，许多教练都在使用提问式思维法，并把这本书送给他们的客户。

担任高管教练时，我帮助那些优秀管理者肉眼可见地变得更好。我的课程包括教授一种名为"前馈"（feedforward）的方法，帮助管理者学会征求意见，以此推动后续发展。他们学会了不加评断、满怀感激地倾听各种各样的建议。梅若李将其称为"用学习者的耳朵倾听"，这对所有教练、领导者和管理者来说都是非常重要的能力。这也是她另一开创性概念："探询式领导"的基础。

赛车手最初接受转弯训练时，有一句话是"盯着路，别看墙"。当你阅读这本书时，请把注意力集中在最能挖掘你潜力的道路上，问一些通向美好未来的问题，比如"我能想到的最积极的可能性是什么？"。

第 4 版比前 3 版又丰富了更多内容，新增了很重要的素材。它蕴含着大智慧，还请大家认真对待。撸起袖子，加油工作吧。佛教典籍上有这样一句忠告：光阅读药方不能治愈疾病，真正用药才行。因此，我的建议是，为了最有效获益，最好的方法就是实践书中的每一项内容！

生活是很美好的！

马歇尔·古德史密斯博士[⊖]

⊖ 马歇尔·古德史密斯博士是唯一一位两次在"全球最具影响力的50 位管理思想家"上排名第一的领导力思想家，并连续八年被评为十大商业思想家。他是《纽约时报》畅销书作者，著有《习惯力：我们因何失败，如何成功？》（*What Got You Here Won't Get You There*）、《自律力》（*Triggers*）、《丰盈人生：活出你的极致》（*The Earned Life*）。

Change Your
Questions, Change
Your Life

·················· 目录

提问式思维导读

　　还记得本书出版后不久的某个夏日午后，我在办公室接到一个陌生来电，听见一位男士低沉地说："您不认识我，但我就是本（Ben）。"他笑了，我也跟着笑了，因为我很清楚他说的是什么。本，就是我书里的主人公，是我基于过去三十年来辅导过的真实客户，创造出来的一个合成角色。这位来电者感觉自己和本太像了，坚信我也能帮助他和他的组织。

　　对许多读者来说，本几乎成了传奇人物。读者在我们这个商业寓言故事中，体验到了提问式思维的切实可行。本在工作上陷入了困境，在新到任的领导岗位上苦苦挣扎；他的家庭生活也遇到了麻烦，与新婚不到一年的妻子格蕾丝（Grace）的关系越来越紧张。我们第一次见面时，本呈现的状态很不开心，我能感觉到他满怀惆怅。而后来，在他的教练兼导师约瑟夫·S. 爱德华兹（Joseph S. Edwards）的帮助下，他不仅在职业生涯上进展顺利，而且夫妻关系也更加亲密。

在"本"打来第一个电话之后，我又陆陆续续收到了许多类似信息，发来信息的朋友们有男有女、背景各异。一位名叫大卫（David）的读者写信说，他和本一样，也在工作中遇到了麻烦，特别是在他的团队建设方面。这本书改变了他对自己提出的问题，改变了领导风格，也鼓励团队达成更多的合作，取得更高的效率。他最终取得了巨大的成功，连《公司》杂志都报道了他的事迹。你可以在本书末尾的注释中找到这篇文章，以及其他参考资料。

自上一版《改变提问，改变人生》出版以来，世界发生了翻天覆地的变化。面对着日益加剧的各类挑战（社会、经济、健康、环境等），提问式思维已经比以往任何时候都更加重要。不管是互联网还是其他数字媒体，里面都充斥着各种各样的观点和千差万别的信息，我们正遭受着这些东西的狂轰滥炸。要是不能去质疑和批判性地评估这一切，我们所接受的东西就会不断累积，加剧我们作为管理者和普通人的焦虑、不安、分歧和低效率。在这种情况下，提问式思维技能就可以帮助我们，赋予我们弹性、适应力、体谅和希望，让我们有能力乘风破浪。

本书的核心是提问式思维，书中提供的一系列简单易学的技能可以用来观察和评估我们当下的思维观念（特别是我们问自己的问题），并指导我们设计新的问题，获取更好的结果。提问式思维是指有意识地思考，而非被动思考。即使在压力之下，提问式思维也可以帮助我们取得更好的成绩，同时培养可靠的建设性思维，对工作和生活的可持续发展至关重要。如果没有这些技能，即使我们志存高远、势在必得，这些抱负也仅仅是空中楼阁。

提问式思维，始于我人生中的一个重要发现时刻。那时，我还在攻读博士学位，埋头写论文，锲而不舍。我不仅忍受着自己内心无情的批判，还经常因别人的意见直掉泪。一天，就是这决定性的一天，我正满怀期待地等着导师表扬我的作业，毕竟我自认为完成得很好，却冷不丁听到他说："梅若李，这真是让人无法接受。"在那一刻，新的事情发生了。我原本又要像以前那样边哭边想自己到底又做错了什么。但后来，我开始观察自己，观察我在想什么，观察我是怎么想的。我发现，所有让我如此不快乐的负面情绪，都来自我问自己的问题。这些问题包括：我有什么问题？为什么我什么都做不好？我凭什么觉得自己能有所贡献？为什么其他人都比我更聪明、更成功？

我相信，那些花很多时间试图来回答这些问题的人，都会感到困惑和沮丧。这一次，我没有被这些问题所困扰，而是停下来，深吸了一口气。我平心静气，充满好奇，只是问自己："好吧，我该怎么做呢？"就是这个思想上的简单转换，让我摆脱了无力感，变得有信心去做有意义的事。我让内心的批评者休息一下，沉着思考导师的建议。很快，我就重写了导师指出来的那部分内容，令我惊讶的是，我提出了新的可能性，大大改进了我的作业质量。

当然，我忍不住问自己："到底发生了什么？这次究竟有什么不一样？"我意识到，我以前熟悉的那些评判性问题（关于我哪里不对，哪里不够好）似乎已经烟消云散了。我并没有深陷自我批评和自我怀疑的危险沼泽，而是把注意力放在了未来，目标是让我提出的问题为我服务，而不是与我作对。

我的这种转变只是侥幸吗？是否有可能把这个看似奇迹的事情变成一种可靠的方法，利己也利人呢？正是这样一个微不足道的开端，发展出了今天我称之为"提问式思维"的一整套内容体系。"提问式思维"指明了我们如何用提问来思考，以及这些问题如何影响我们的经历和结局。在《脑力训练：实践基础》（*Coaching with the Brain in Mind: Foundations for Practice*）一书中，大卫·洛克（David Rock）和琳达·J.佩吉（Linda J. Page）两位作者讲述了提问式思维的核心意义："人们通常不知道自己的内在问题，也不知道这些问题在塑造和指导自己的人生方面所发挥的深远力量。而恰恰是通过改变这些问题，人们可以启动一个不同的进程，通往不同的结果。"

如果你是一名教练，或一名变革推动者（不管是团队领导、部门负责人还是首席执行官），那么提问式思维方法可以辅助每一次谈话，提高自我训练的能力，增强自我意识并提高工作效率。

经常有读者和客户与我分享他们的成功故事，我对此十分欣慰。其中，《沃顿工作通讯》（*Wharton @Work Newsletter*）报道了这样一个故事，涉及的公司名叫伟创力（Flextronics，后更名为 Flex），对此我在本书末尾的注释中提供了相关参考资料。伟创力是一家全球领先的电子产品制造商和供应商，业务遍及约 30 个国家。卡梅拉（Carmella）女士是该公司的组织效率高级总监，她运用提问式思维的理念，成功指导了一个业绩不佳的工作点的相关负责人。这可不简单，要知道，此前这个 700 人的工作点业绩相当差，在 15 个工作点中得分最低。

卡梅拉要求该工作点负责人阅读《改变提问，改变人生》一书，并与他们的团队分享这本书。她随后还教这些负责人使用一种我称之为 Q 风暴（Q-Storming）的头脑风暴工具，最终解决了一系列难题。（我在第 11 章中具体描述了该工具的使用方式。）不出三个月，卡梅拉基于提问式思维的指导给该工作点带来了翻天覆地的变化，它的业绩排名跃升至首位，且随后一直名列前茅。

还有一个故事，它以另一种不同的方式触动了我。我们工作坊有一名叫杰森（Jason）的学员，他有一天回家，突然发现妻子帕姆（Pam）在地下室的办公区里惊慌失措。楼上厨房的水一直往下灌，他的电脑、多媒体设备危在旦夕。杰森和我们说："要是以前，我肯定马上就开始骂人了。"但这一次，他的"提问式思维"技能开始发挥作用了。他深吸一口气，告诉自己："责骂是没有用的。"相反，他问自己："我现在需要做什么？怎样才能阻断水流？"他迅速关闭水闸并叫来了水管工。在楼下湿漉漉的办公室里，帕姆啜泣着说："这可是你的全世界啊，杰森。我差点把它毁了。"杰森说，多亏学习了提问式思维，他才能立马镇定地回答道："不，亲爱的，你才是我的全世界。"他后来告诉我："在那一刻，我知道是时候放弃我收集的那些玩意儿，绝不能让任何事情毁掉我生命中真正重要的东西。"

就是这些故事，证明了提问式思维的普遍适用性。在工作中，无论你的角色是什么，也无论你处于职业生涯的哪个阶段，提问式思维都很有用，这也是为什么它能广泛运用在企业和组织中。而对个人来说，读者也能运用新的工具和技能，让生活变得更幸福，人际关系变得更充实。

本书已经卖了四十多万册，我的出版商提议我撰写第4版。我想借着这个机会，把多年来从客户、学生、工作坊学员那里学来的东西进一步扩展开来。他们的贡献是无价之宝，让我经常得以看到提问式思维的各种应用新场景。值得一提的是，十年来，我在美利坚大学（American University）教授关键行政领导力课程项目，那些优秀的学生教会了我很多东西，拓展了我对探询式领导的思考。这些客户和学生教给我的东西，我又以故事和逸事的形式写进了书里，同时利用新得到的见解进一步强化了提问式思维工具的实践应用。对此，你可以在书的后面找到该部分内容。

应广大读者和机构的需求，在第 4 版中我新增了一个章节，即"《改变提问，改变人生》讨论指南"（Discussion Guide），该部分阐述了如何围绕本书谈到的概念和工具，进行深入交谈。此外，你还可以找到一个术语表，用于快速厘清书中提到的那些主要术语。

让我特别兴奋的是，由于神经科学在全世界蓬勃发展，我整合了这个领域的一些有趣发现。我新增了一个全新章节（第 7 章），讲述了脑科学家对人类应对日常挑战的发现，可以让我们对大脑不断拓展自身能力的现象产生新的认识。这些发现有助于我们理解提问式思维如何帮助我们达成新的目标和成就，不管是在个人进步方面，还是在团队和领导力发展方面。了解神经科学对思维模式的认识，不仅有助于揭开思维转变过程的神秘面纱，还能让我们对思维转变的可能性和方式充满信心，养成灵活弹性和积极正面的好习惯。

我的第一本书是《提问的艺术》(The Art of the Question)，

我在其中写道："我们用问题来创造世界。"提问可以开放思想和视野，敞开我们的心扉。提问可以帮助我们学习、沟通和创造，让我们变得更明智、更有成效，能够获取更好的结果。我们不再寻求固定的观点和简单的答案，而是转向充满好奇、深思熟虑的问题和开放坦诚的对话，由此照亮了一条紧密协作、探索创新之路。我憧憬，有了这种探询精神和发展潜能，整个社会包括个人、家庭、组织、职场和社区，可以充满活力、生机勃勃。

如果你对自我教练的力量感兴趣，请查看《提问工作手册：问题改变思维模式》（*Change Your Questions, Change Your Life Workbook：Master Your Mindset Using Question Thinking*）。

现在，让我们来认识一下本先生。这是一个虚构人物，我创造他出来是为了在书中表达我的想法。那么，请各位跟着本尽情探索，看看改变你的提问是如何真正改变人生的。

Change Your
Questions, Change
Your Life

第 1 章

转折时刻

如果想要获取新知识，那就必
须提出一整套新问题。

——苏珊·K. 朗格（Susanne K. Langer）

我的办公桌上摆着一块红木镇纸，上面镶嵌的银牌上写着这么一句话："伟大的成果始于伟大的问题。"这块镇纸是约瑟夫·S.爱德华兹送给我的，他可谓我生命中一个非常重要的贵人，是他给我介绍了提问式思维，或者说是他简称的"QT"。QT打开了我的思维盲区。曾经我也和其他人一样，相信解决问题的方法就是寻找正确的答案。但恰恰相反，约瑟夫教会我，解决问题的最好方法是首先提出更好的问题。也是他教给我新的技能，挽救了我的事业和我的婚姻。

故事要从我受邀加入Q科技公司说起。当时，这家公司正面临重大危机，处于全面改革之中。坊间传言，除非出现奇迹，否则该公司最多撑到年底。有一位朋友也劝我说，现在进Q科技公司就好比眼看船沉，还非得报名去当水手。那么，究竟是什么说服我去冒这个险的呢？答案是我对亚莉克莎·哈特（Alexa Harte）的信任。她刚刚就任Q科技公司的首席执行官（CEO），就向我抛来橄榄枝。我们曾在KB公司（KBCorp）共事多年，她是天生的领导者，我非常尊重她。她扭转公司局面的那份信心感染了我，她承诺的待遇也极具吸引力：薪酬大涨，职位高升，还有机会带领团队研发创新产品。一切顺利的话，这个冒险就是值得的。要是不顺利……好吧，我尽量不往那儿想。

起初，我踌躇满志，坚信自己已经拿下了新工作。某种程度上，我真的很喜欢带领团队，与团队一起奋战。但是，情况并非如此。亚莉克莎看重的是我在技术和工程方面的才华，我对此也很有自信，相信自己能有所作为。我确实对研发新产品很感兴趣，技术方面的挑战也正合我意。亚莉克莎说她以前亲眼见到我创造了奇迹，我甚至在 KB 公司得到了"答案专家（Answer Man）"的赞誉，一个接一个地解决了各种棘手的技术问题。但在 Q 科技公司，挑战很不一样，我要领导一支利益高度相关而广受关注的团队。亚莉克莎提醒过我，要花精力去发展人际关系，提升管理能力，但我依旧对这项新挑战跃跃欲试。

看上去，我的团队里都是满腔热情、才华横溢的人，我很兴奋能接手这样一个项目。开始那阵子，一切都很顺利，或者可以说，非常好。但渐渐地，事情开始分崩离析，就仿佛突然有一盏刺眼的聚光灯追着我的缺点照。我不敢说出来，但内心真的觉得自己已经无法摆脱这帮蠢货了。

更糟的是，团队里还有个叫查尔斯（Charles）的人。在我加入 Q 科技公司之前，他原本是想得到我现在这个职位的，但没能成功。所以要是他对我不满，我能理解。也正如我所料，他从一开始就在制造麻烦，对我的一言一行都要提出质疑。

后来，情况越来越糟。就算 Q 科技公司这艘船没有像我朋友说的那样开始下沉，也绝对已经进水了。我是船长，但我不知道该如何堵住漏洞。团队会议演变成了一出出闹剧：没有讨论，没有解决方案，也没有合作意识。如果我们不能先于竞争对手早点推出新产品，那些唱反调的人就胜利了。

家庭生活也好不到哪里去。我和妻子格蕾丝结婚不到八个月，关系就开始越来越紧张。其实她是个好妻子，经常问我是不是工作上发生了什么事。终于有一天，我对她说她问得太多了，让她别管我的事。她很伤心，我也很沮丧，但就是不知道该怎么做。

我不想让格蕾丝知道我遇到了多少难题。毕竟一直以来我都很自豪，觉得别人解决不了的问题我都能解决。但这一次，工作超出了我的能力范围。运气好的话，在格蕾丝、亚莉克莎和团队成员发现这一点之前，我也许会找到正确答案。与此同时，我越来越孤僻，独自尽全力熬过每一天。

我倍感困惑，不知所措，似乎一切都开始崩溃。接着，转折点出现了，那是可怕的一天。早晨，先是我和妻子吵了一架，而几个小时后，工作又出现了重大危机。没人说出来，但我能从他们的眼神里读出：我们完蛋了。

这是我的关键时刻，我需要一个人面对现实。我给格蕾丝打电话，留言说要熬夜完成一份重要报告。我一整夜都待在办公室里，盯着墙壁，回想着这人生中最惨的几周，还在拼命找寻正确答案。我告诉自己，必须要面对现实：我失败了。就这样到了第二天，早上刚过 6 点，我出去喝了一杯咖啡，开始写辞职信。三个小时后，信写好了，我就给亚莉克莎打电话，约她尽快见面。

我的办公室离亚莉克莎的办公室不到一百码[⊖]，那天早上走过去却感觉有一百英里[⊜]远。走到门前，我停了下来，·深吸了一口气，努力冷静下来。我站了很久，才鼓起勇气去敲门。就在我举起手臂的时候，我听到身后有一个声音说："本·奈特，你来了。很好，很好！"

毫无疑问，这是亚莉克莎，她的声音永远这么欢快，即使在逆境当中也洋溢着一股乐观向上的情绪。她40多岁，身材健美，魅力十足，浑身散发着自信。我曾和妻子说过，我从未见过像亚莉克莎这样的人。在 Q 科技公司，她有着无限的工作热情。这并不是说她不认真工作，她非常认真！她做得很愉快，也很自信，看上去似乎毫不费力。

见到她的那一瞬间，仅仅因为她的出现，我就开始深刻反省自己的不足。我浑身发麻，她拍拍我的肩膀，把我请进办公室，这时我才用尽力气咕哝了一句"早安"。

她的办公室非常宽敞，能有顶级行政豪宅的大客厅那么大。我脚踩柔软的深绿色地毯，走向会客区的大飘窗，那里面对面摆着两张加厚沙发，它们被一张胡桃木的大茶几隔开。

　⊖　1 码 = 0.91 米
　⊜　1 英里 ≈ 1.6 千米

"坐！"亚莉克莎指着一张沙发，请我就座，她也在对面坐下。"贝蒂（Betty）说她昨天晚上七点半走的时候，你的灯还亮着，而今天一大早来，你就在公司了。"

亚莉克莎指着我放在茶几上的绿色文件夹，随口问道："我猜这是给我的吧？"

里面装的正是我的辞职信，我点点头，等着她拿起来。但她没有，她悠闲地向后靠了靠，好像时间有的是。

"跟我说说，你怎么了？"她说道。

我指了指文件夹，回道："辞职信我已经写好了。亚莉克莎，我很抱歉。"

紧接着我听到了一个声音，让我直发愣。不是惊讶得倒抽一口气的反应，也不是什么责备的言语，而是笑声！笑声还不是那种残酷无情的。我错过什么了？我不太明白。我把事情搞砸了，怎么亚莉克莎听起来还能富有同情心呢？

她说："本，你不会是要放弃我了吧。"她把文件夹往我这边推了推，说："拿回去吧。我比你想象的更了解你现在的情况。我希望，你至少再给我几个月的时间。而这段时间，你必须要下决心做出些改变。"

"你确定吗？"我愣住了。

"我这样和你说吧。"她继续说道，"很多年前，我也和你现在差不多。我不得不面对事实，而要想成功，必须从根本上做出一些改变。当时我很绝望，但一个叫约瑟夫

（Joseph）的人让我坐了下来，直截了当地问了我一些貌似简单的问题，就是这些问题打开了我从未意识到的大门。他问我，'你愿意为自己的错误负责吗？又愿意为那些导致错误的态度、观念和行动负责吗？'。然后又问，'无论有多不得已，你愿不愿意原谅自己，甚至自嘲一下？'。最后，他问我，'你会从中寻找价值吗，尤其是那些最艰难的经历？'。最重要的问题是，'你是否愿意从发生的事情中吸取教训，并做出相应改变？'。"

她接着跟我讲约瑟夫和她之间的故事，讲约瑟夫的这套方法，多年来是如何改变了她和她丈夫斯坦（Stan）的生活。"过去几年里，斯坦的资产净值涨了两倍都不止，斯坦认为他和他公司今天的成功都要归功于约瑟夫教给他的东西。约瑟夫可能会告诉你这些故事，他喜欢讲故事，特别是讲述那些通过改变提问而改变了人生的故事。"

我看上去肯定一脸茫然，因为她又补充道："不明白我刚才说的什么提问改变人生，没关系，你很快就会知道的。"她顿了一下，然后仔细斟酌道："我想让你马上去见我的朋友约瑟夫，往后一段时间，他应该想和你安排几次会面。你先和他约个时间，这是现在的头等大事。"

"他做什么的？心理治疗师吗？"一想到要去看心理医生，我就开始紧张。

亚莉克莎笑了笑，说："不是，他是一位高管教练，或者我称他为探询教练。"

探询教练！如果说我知道些什么，那就是我要的是答案，而不是更多的提问。提出更多问题，怎么可能对我有好处，又怎么可能把我从困境中拉出来？

我起身准备离开时，亚莉克莎又在一张纸上写了些什么，并把纸放进了信封里。"这个信封里有我的一个预测。"她把信封递给我，说得神秘兮兮。"把它装进你那个绿色文件夹里，见完约瑟夫之后再打开。到时候我自然会告诉你。"然后她给了我约瑟夫的名片。我把名片翻过来，看到背面是一个大问号，瞬间恼怒不已。难道我要为一个信仰问号的人浪费宝贵的时间？这可与我的信念完全背道而驰。

回到我的办公室，我瘫坐在桌后的椅子上，眼神落在了墙上的一个镀金镜框上。镜框裱着一句话，仅仅四个字：质疑一切！这句话来自爱因斯坦。公司里大大小小的房间，很多都挂着这样一个标语框。我非常尊重和欣赏亚莉克莎这位领导，但一直不太认同这句话。众所周知，担任领导，就应该有答案，而不是只会提问题。

我盯着约瑟夫的那张名片。我到底给自己惹了什么麻烦？只有时间能说明一切。好吧，至少我可以先推迟做辞职决定。我把注意力转向家庭，转向格蕾丝。我怎样才能同她和好如初呢？我只能庆幸，亚莉克莎没有问起格蕾丝和我的近况。那是我的最后一根稻草。我知道亚莉克莎很喜欢我的妻子，她甚至还来参加了我们的婚礼。要是她知道我们出了问题，肯定不会高兴。

就这样，我坐了很久，一直盯着名片。不管怎么说，亚莉克莎拒绝了我的辞职，还是给了我一丝希望的。也不知道她对我的信任是不是站得住脚，但把我推荐给她的导师，我也很受鼓舞。和这个所谓的探询教练见见面吧，反正也不会有什么损失。虽然我持怀疑态度，但也确实好奇。如果约瑟夫真的帮了亚莉克莎和斯坦那么多，说不定也能帮到我。

质疑一切！

——阿尔伯特·爱因斯坦（Albert Einstein）

第 2 章

接受挑战

带你到此地的，定不会带你到
他方。

—马歇尔·古德史密斯

我和约瑟夫约在了第二天上午 10 点。我没有告诉格蕾丝关于这次会面的事，也没有说起我与亚莉克莎的谈话，当然更没提辞职信的事情。要我主动谈论自己的困境太难了，我更希望自己一个人先处理好。这段时间以来，我一直在搪塞格蕾丝，对她的问题越来越不耐烦。我内心对自己说，她也有问题。她在一个非营利组织里工作，他们那边正在推进两项重要的拨款项目。她的助理詹妮弗（Jennifer）刚加入进来，作为一名志愿者，还没有展现出格蕾丝所期望的那种积极主动的态度。她不需要为我担心。在找到正确答案和解决方法之前，我决心坚持自己的问题自己扛。但问题是，就像往常一样，我在格蕾丝面前并不善于隐藏自己。

我早该意识到，她知道这次困扰我的东西不只是普通意义上的工作压力。那天早晨，我送格蕾丝去机场，她当时要赶飞机去另一个城市参加午餐会。她捅破了窗户纸，把事情讲得清清楚楚。我把车停在航站楼下的道牙旁，这时，她开始和我说："我最近感觉自己像个寡妇，感觉你离得好远，很情绪化。本，如果你真想跟我过一辈子，那你就必须得做些什么了。"

天知道我有多爱格蕾丝，但偏偏我当时心情不太好。

"你现在别和我说这些。"我把话说得很苛刻，语气比我想的还要严厉。

格蕾丝惊呆了，看起来不知所措。我下车去后备厢拿她的行李，递给她的时候，我俩四目相对，有一瞬间我真担心她会哭出来。我知道就那样丢下她很不好，但我真的压力很大，很难受。而且，要是继续深谈下去，就会耽误我和约瑟夫的会面。夫妻之间的这点儿小问题等等再说。格蕾丝勉强笑了笑，告诉我说她当天晚上就能回来，让我不要操心接她的问题，她会自己打车回家。她转身就走，迅速消失在人群中。

我很生气。她为什么非得选这天早晨来找碴儿？我猛踩油门，驶入车流。喇叭声轰鸣，我紧急刹车，一个疯子开车疾驰而过，差点撞到我。我真是气坏了。一大早，又是险些撞车，又是和格蕾丝发生冲突，还不得不赶去参加一场可怕的会面，这一天开始得可真够糟糕。

约瑟夫的办公室位于市中心的珍珠大厦（Pearl Building），这座大厦高 14 层，建于 20 世纪 30 年代，最近进行了修复。周边是老城区，有一个繁华的购物中心，有很多吃喝玩乐的好去处，还有一些很特别的小店。格蕾丝和我就经常到那边吃晚饭，去一家叫"都市（Metropol）"的小餐厅。格蕾丝热爱艺术，多亏了她，我们一起逛书店逛画廊，度过了许多快乐时光，让我见识到了一个闻所未闻的全新世界。那天早上，我一一走过这些熟悉的老地方，心中却不免对未来感到迷茫。

我推开珍珠大厦那扇锃亮的铜框门，走过大理石地板，搭上电梯来到约瑟夫的顶楼办公室。一走进大门厅，感觉像来到了私人住宅，几棵高大的榕树往上伸向大天窗。前厅的尽头有两扇门敞开着，邀请你走向门后的长廊。走廊墙壁上挂着一些艺术作品，我记得当时还想着，要是格蕾丝看到肯定会很喜欢。

"你就是本·奈特吧！"约瑟夫迈着大步，热情地朝我走来。我估摸他 60 岁出头，但他动作敏捷，动起来就和不到 20 岁的短跑运动员一样。他身高大概 175cm，穿得很休闲，身上那件针织毛衣实在太时尚了，图案是数不清的条纹，看得眼花缭乱。他和我想的完全不一样。

约瑟夫刮得干干净净的脸上露出愉悦的神情，棕色眼睛闪烁着孩童般的兴奋。一头毛茸茸的白色卷发，让我想起了晚年的爱因斯坦。

约瑟夫的热情欢迎多少打消了一些我不愿和他相处的顾虑。他带着我穿过走廊，走向他的办公室，边走边介绍着说，墙上展示的"这些'文物'，我称之为我的'提问式思维名人堂'"。我一开始还误以为它们是艺术品，其实都是装裱好的杂志文章和信件。随后，我们左转，进了一个大房间，里面洒满阳光。

房间里座位舒适，砖砌壁炉看上去经常使用，还有一套胡桃木会议桌椅。一面墙上挂着些证书和几十张签名照片，好多是约瑟夫与人握手的照片，不少面孔我在新闻里都看到过。亚莉克莎可没提前和我说这些，显然，约瑟夫在商界内外都有很好的人脉。

还有，三本书的封面，分别装裱在三个精美的相框里。这三本书都是约瑟夫写的，每本书的标题都含有"提问式思维"这个词。有一本尤为吸引我，一本约瑟夫与莎拉·爱德华兹（Sarah Edwards）合著的关于探询式婚姻的书。

看到这些，我很佩服他，也有点儿被吓到了。房间风格不那么正式，在那里我感到稍微自在了一些。三面都有窗户，城市景色一览无余，可谓壮丽好风光。远处，森林之上云彩飘逸，美景仿若无穷无尽。

我舒舒服服地坐进一张宽大的皮革手扶椅，而约瑟夫也在我旁边坐了下来，左手晃着一副无框老花镜。

简短交谈之后，他问我："告诉我，你认为你最大的资本是什么？"

"我是答案专家，是个万事通，"我骄傲地告诉他，"我整个职业生涯都建立在这一点上，人们都跑来向我求助，寻求答案。对我来说，最重要的就是答案和结果，这是工作的真谛。"

"确实如此。但如果你不先提出最好的问题，又怎么能得到最好的答案呢？"接着约瑟夫戴好眼镜，盯着我又问："你可不可以用一个问题，来描述你的工作方式呢？"

如果你不先提出最好的问题，又怎么能得到最好的答案呢？

"当然，"我说，"找到正确答案，并证明答案是正确的。这是我的座右铭。"

约瑟夫让我把这句话重新组织成一个问题，一个我会问自己的问题。我不太明白什么意思，但还是按他要求的做了。"好的，当然。我的问题是，我怎么才能证明自己是对的？"

"太好了，"约瑟夫说，"那么我们可能已经解决了你的问题。"

"我的问题？"

"身为答案专家，你必须要证明自己是正确的，"约瑟夫说，"不得不说，本，我们进入正题的速度比预期的要快多了。"

我不确定自己是不是听清楚了。他在开玩笑吗？不，他非常认真。"你说什么？"

"证明答案正确可能很重要，"他说，"但你觉不觉得，有时候好事过头反成麻烦？比如，你觉得自己必须凡事都正确，你的团队怎么想？"

"我不明白你的意思，"我说。我真没想明白，我希望我的团队能找到答案，正确的答案。"每个人都在寻找答案。"

这就是我们的工作，不是吗？

"那我们先说点私人问题，"约瑟夫说，"你拼命证明你是对的，对你们夫妻相处有用吗？"

这个问题真的切中要害啊。"没什么用。"我承认。格蕾丝曾经也对我说过，我总坚持自己是对的，经常让她很沮丧。

"对我妻子也不太管用，"约瑟夫笑着说，"记住这一点，我们再来进一步探讨一下，什么问题真的有用。当然，我们得先认识到，提问是沟通中的重要环节。但在思维模式中，提问的作用并不总是显而易见的，而这恰恰是提问式思维技能的价值所在。"

"如果你能发挥提问的真正作用，提问就可以改变你的人生。归根结底，就是要多提问，提好问，不管是对自己还是对别人。提问的意图也非常重要。正如罗马尼亚剧作家尤金·尤涅斯库（Eugène Ionesco）的那句名言——启迪人心、发人深思的不是答案，而是问题。"

这个时候，我肯定是一脸困惑。约瑟夫停了一下，又继续说："你从前都没听说过提问式思维这个词吗？"

我摇了摇头，真的没有。

"提问式思维是一套技能和工具系统，即通过问题来详细剖析你处理各种情况的方式。你需要不断打磨这种技能，精炼你的问题，完善你的问题，从而在所有事情中都获得更好的结果。首先是问自己问题，然后才是问别人问题。这套 QT 系统，也就是提问式思维，正如其字面意义，可以实实在在地将行动植入思维，而这种行动是专注、创新且有效的。这是个好方法，可以为我们做出明智选择奠定基础。"

> 提问式思维是一套工具系统，通过巧妙地提问来转换思维、行动和结果，其中提问包括我们问自己的问题以及问别人的问题。

"请接着说。"我半信半疑道。

"很多时候，我们几乎意识不到自己在问问题，尤其是那些问自己的问题。但几乎每时每刻，提问都是思维过程的一部分。思维过程实际上就是一个内心的问答过程。不仅如此，我们经常通过采取一些行动、做一些事情，来回答自己的问题。

"举个例子。你今天早上穿衣服的时候，不管是走到衣柜、梳妆台，还是只站在地板上，我敢说你肯定会问自己一些问题。比如，我要去哪里？天气怎么样？穿什么舒服？甚至，衣服干净吗？你回答这些问题的方式就是，快速做决定并采取行动。你选好衣服，穿上。实际上，你正穿着你的答案。"

"这个我没法反驳。不过，正如你所说，就算我问了那些问题，当时几乎也不会注意到。事实上，我那会儿想的最多的是，格蕾丝有没有去洗衣店帮我拿衣服，她答应了我的。"

说到这，我们都笑了。

约瑟夫正在兴头上，我还是坐着听他把话说完吧。再说，我也开始感兴趣了。

"当我们陷入困境，"约瑟夫继续说，"很自然会去寻求答案和解决方案。但这样做的话，我们又往往会无意地在过程中设置一些障碍，而非创造机会。我一直记得爱因斯坦的那句名言，很精彩。'你无法在制造问题的同一思维层次上解决这个问题'。要解决难题，我们首先就要改变提出的问题，否则可能只会不断得到同样的答案，一遍又一遍。"

> 你无法在制造问题的同一思维层次上解决这个问题。
>
> ——阿尔伯特·爱因斯坦

"新的问题可以彻底转变我们的视角，让我们用全新的角度来看待难题。我们提出的问题甚至可以改变历史的进程，有时还是一些关键进程。让我给你举个例子。驱动古代游牧社会行迹改变的有一个隐含问题，即如何找到水源。"

我点了点头。"这就是他们游牧的原因……"

"然而，如果把这一隐含问题改成，如何把水源引到身边，这时，我们再看看会发生什么。这个新问题引发了人类生存形式的重大转变，开创了农业，包括灌溉、蓄水、掘井，最终城市出现了，且往往离水源地很远。想想拉斯维加斯吧。这个新问题改变了人们的行为，改变了历史的进程，而我们再也回不去了。

"我想我能理解问题是如何应用到穿衣服，甚至是游牧向农耕的转变。但如何应用于工作中呢？更重要的是，如何帮助我解决现有的问题？"

"关键是，问题驱动结果。"约瑟夫回答，"问题实际上设定了我们的思维方式、行动路径以及可能的结果。你想想看，假如有三家公司，每家公司所面临的问题分别是，满足股东的最佳方式是什么？满足客户的最佳方式是什么？满足员工的最佳方式是什么？每一个不同的问题都会将公司引向不同的方向，影响甚至决定公司实现目标的策略。请记住，问题驱动结果。对几千年前的游牧民族如此，对你在 Q 科技公司的日常工作也是如此。

问题驱动结果。

"你的想法很有趣，"我闪烁其词，"但我有现在这名声，就是因为我有答案，而不是能问问题。"

"幸运的是，"约瑟夫继续说，"从答案专家到问题专家的过程，比你想的要简单多了。"

他在暗示什么？我从来没想过，我要放弃我珍视的"答案专家"身份。长期以来，这个身份对我都很有帮助，我可不想放弃。有一件事我非常确定，那就是，如果我们坚持只问问题，就仍然会处于抓耳挠腮、类似原始人觅食的状态。约瑟夫摘下眼镜，停了下来，似乎在考虑接下来要说什么。然后，他用缓慢而平稳的声音如是说。

"本，你必须得面对现实了，你正处于困境之中。你最大的资本是你的答案专家的身份，而这已经变成了你的负担。这很关键。"

约瑟夫讲话的时候，我想象着如果格蕾丝和我一起坐在他的办公室里，她很可能会为他说的话而鼓掌赞叹。我心乱如麻。

"如果答案专家身份对你依然有效，"约瑟夫继续说，"你就不会待在办公室通宵写辞职信了。亚莉克莎告诉我的。我懂你，我也曾经整夜在办公室待着，通宵面对着墙壁，自己跟自己讨论。"

"我想我可以帮到你。"他说，"一直以来，亚莉克莎都很关注你的职业生涯，她相信你的潜力，显然也在你身上投入了很多。但她也认为，如果你不做出些重大改变，那你很难在 Q 科技公司带好团队。本，她非常了解你。在雇用你之前，她就跟我讲过她对你的一些顾虑，尤其对你是不是已经对领导职务做好了准备。如果我没记错的话，她也把这些顾虑告诉了你。亚莉克莎不是个胆小鬼，可不会畏首畏尾。"

听到这句话，我们都笑了。我很感激能有这么一瞬间的轻松。亚莉克莎是我认识的人里最直率的，她从不拐弯抹角。

有点尴尬的是，我想起了她雇用我那天的原话："本，我请你来，是因为你绝对是你这个领域中的佼佼者。我对你的技术能力绝对有信心，我们也需要你来帮助开辟新市场。但对你的人际交往能力，说实话我有些担心。想从技术岗位成功转型到管理岗位，你就需要在这方面多下功夫。对你，我是在赌，而且打算赢。"

可当时，我没有理睬亚莉克莎的警告。相反，我立即给格蕾丝打电话，分享我的大喜讯。当时满脑子想的都是晚上怎么和格蕾丝庆祝，就算听到了亚莉克莎的警告，我也过滤掉了。

"作为一名答案专家，"约瑟夫说，"你坚定执着地寻找正确答案，取得了一些出色的成绩。但是，拥有正确答案和被认为是万事通之间，界限其实非常微妙。你甚至可能给别人留下了傲慢和冷漠的印象。我猜，随着新职位给你的压力和责任愈加增多，那种万事通的风格想必也愈加夸张了。一旦被贴上标签，你就麻烦了。当别人都开始这么看你，你还真的指望他们喜欢、尊重或信任你吗？这并非一个理想的领导形象。"

"谁要在这里拼人气？"我反驳道。在我看来，一个好的领导只有一项责任，那就是把工作做好，并确保其他人完成各自的任务。问题是，我的团队里没人在干活。

"每当你以领导的身份与别人交流的时候，"约瑟夫说，"你希望他们能主动出击、能屈能伸，提出问题，也提出好的解决方案，好到你自己都没想到。你的成就来自一群人的共同努力，而非自己单打独斗。你曾经带来了一个又一个的技术突破，成绩耀眼，令人赞叹，但你现在是个领导者了，过去助力你的那种老办法已经不适用了。用马歇尔·古德史密斯的话说，'带你到此地的，定不会带你到他方'。"

约瑟夫走到他的办公桌前，从一旁的抽屉里拿出一本封面印着字的活页册。他把册子递给了我，我看到上面的标题写着"QT工具：提问式思维工具使用指南"，随后翻阅起来。

"如果说你真的给别人留下了无所不知的印象，"他继续说，"那这就是答案专家的后果，你没有给其他人留下什么余地。你在技术方面很出色，本，但你现在的工作需要的远不止这些。你的工作是与人打交道，而不是与物打交道。只要涉及人，你就需要去平衡问题与答案之间的微妙关系。我给你提个建议，开始多问少教吧。要想达到有效沟通，更多的是问，而不是教。你不提问，又怎么能为新信息腾出空间，发现别人在想什么或需要什么？而传统观念则恰恰相反：大多数正规的沟通课程通常侧重于讲述，而对提问的重要性关注不够。

多问。少教。保持好奇。不仅仅是技术问题。

问问自己，我能做些什么让人们积极参与进来？

我又该怎么做才能让人们共同协作？别人需要我

做什么？他们有什么贡献是我没有注意到的？

"在我看来，你似乎太强调问题了，"我说，"毋庸置疑，每个人都会提问。但根据我的经验，有答案的人才能把事情做好。"

"面对现实吧，本，你碰壁了。你打算翻过这堵墙吗？亚莉克莎相信你会的。这是你的选择，不是我的，所以我不能替你来回答。你不妨问自己一些问题：我真的会倾听别人的问题和建议吗？其他人是否觉得我在倾听他们的问题和建议？他们是否认为我尊重、信任他们呢？他们是否觉得我在鼓励他们加入进来，并分享想法呢？

约瑟夫停顿了一下，又说："你看起来很困惑，愿意说说你怎么想的吗？"

我花了一些时间来厘清思绪。事实上，我没有料到这次会面会变成对我个人的讨论。那些关于与其他人交流互动的问题，我听到真是吃了一惊，尽管仍然没太弄明白其中的意思。"所有这些理论可能都不错，"我终于说出口，"但这些软技能看起来，嗯，很软。我以为我们应该讨论一些真正实用的事情，一些能产生实际效果、扭转局面的事情。"

约瑟夫友善地笑了笑："可不要小瞧了软技能。忽视软技能，后果很严重。""这话听起来像是亚莉克莎说的。"我说。

约瑟夫点了点头："是的，这就是她说的。她还说，'当今世界，光有顶尖的技术专长远远不够'。正如我这里所说，软技能是指更有效、更有建设性的沟通技能。为创造一个人人爱工作、尽全力工作的环境，软技能可以发挥重要作用。此外，软技能可以完善我们的心智，提高我们的情商。这些所谓的软技能，这些人际交往技能，可以说是成功领导团队的基石。你可以把这段话记下来。好消息是，这些技能可学，也可教。"

"我们的思维方式截然不同，"我说，"你用问题思考，而我用答案思考。你得向我证明，这个叫提问式思维的东西足够实用，能够帮我解决难题。"

"可以，"约瑟夫说，"那我先问你另一个问题：你是否同意，你正在寻求改变的方法？"

我耸了耸肩，说："我现在坐在这里，这难道还不足以证明我正在寻求改变吗？"说实话，我心里想：他在说什么废话？但我没有说出来，我什么也没说。

"要想改变，你首先需要明白该从哪里开始。这个起点，你观察得越准确，也就能越有效地达成所期望的改变。对此，提问式思维可以帮助你。真正有效的、有意识的改变，始于你对观察者分身的强化。你越能看清楚发生了什么（观察者分身在这里发挥作用），就越能运用好合适的技能和策略，来实现你想要的改变。"

约瑟夫一直强调的观察者分身这个概念引起了我的兴趣。常常面对技术难题的时候，我的观察者分身就出现了，观察什么有效、什么无效，由此得出解决方案。但一旦涉及如何与人交往，我还从来没有从观察者的角度来看问题。事实是，我几乎没有考虑过要加强人际交往能力，或是培养他说的情商。我也不认为，人际交往能力可以像约瑟夫那样去教导，我们可以后天习得。

"'提问式思维工具使用指南'列出的第一个工具，就是用来训练你的自我观察者技能的，"约瑟夫说，"下次见面之前，还请你仔细阅读。我感觉，到时你会发现你已经在应用这些技能了。"

我一边心不在焉地点点头，一遍翻看着他说的那个工具。不管准备好了没有，自我观察的问题已然来临。首先，也是最重要的就是，"我是不是应该质疑之前对答案力量的假定"。我开始担心，要是不注意约瑟夫的话，是不是会错过什么重要的事情。我也一直在想，格蕾丝可能也会同意他的观点。我对妻子说教太多、提问太少了？我觉得我已经知道了这个问题的答案。

"从你脸上的表情来看，我猜你现在有点不安。"约瑟夫说，"但我向你保证，一旦你了解了如何运用提问式思维的原则和实践之后，特别是不断加强你的自我观察能力，那么一切都会水到渠成。把我写的这个工具手册当成你进入提问世界的向导。我保证，这些工具会提供实用指南，带来真正的改变。你都无法想象，这能给你的职业生涯带来多么大的变化。"说着，约瑟夫冲着我神秘一笑，又说道："更不用说这会对你的人际关系起什么积极作用了。"

我承认，约瑟夫关于我人际关系的说法让我心里很不爽。有时候我真想立刻用手捂住耳朵，就像我们小时候哼国歌那样。但尽管我很想反驳，但不得不承认，我和格蕾丝的关系本可以更好。几乎是同一时间，一个问题突然出现在我的脑海中：我这么抗拒，是否妨碍了我敞开心扉去倾听他的意见？不管了，已经是时候咬紧牙关了，我必须去试试他提供的方法了。难道我还有其他的选择吗？我当时已经绝望了。

"我先说清楚，"约瑟夫说，"这套工具和实践系统不是心理治疗，但你可以学习这套系统，学习如何自我教练，从而帮助自己应对挑战，获得更好的结果。这也是为了更有效率、更有生产力、更有创造力、更成功，为了可以带领他人实现以上这些目标。"约瑟夫继续说，"我想你也会认同，没有什么比这更实际的了。最后，我相信你将走出目前的困境，实现大飞跃。尽管你可能还有些疑虑，但我和亚莉克莎一样，也赌你会成功。"

这时，约瑟夫开玩笑地宣布中场休息半小时。我赶紧给自己办公室打了个电话，听说没有什么要紧事，我松了一口气。嗯，我要振作起来。

我离开约瑟夫的办公室，去了一家安静的咖啡馆，开始翻看他的手册，思考下一步的行动。约瑟夫真的了解我身为答案专家的优势吗？我漏了什么吗？还是他漏了什么？

几分钟后，我站在电梯里，抬头看着镜子里的自己。回望我的是一张陌生人的面孔，脸上布满了紧张和沮丧，那就是我！这就是格蕾丝过去几个月一直面对的那张脸吗？说实话，我都不确定自己愿不愿意和这个家伙待在一起。我真的能像亚莉克莎和约瑟夫相信的那样有所改变吗？我真的想改变吗？也许，我应该接受我答案专家的优势。也许，我得开始问自己一些很难回答的问题，比如我究竟想要什么。也许，我根本就不是当领导的料，那怎么办？

第 3 章

选择地图

> 地图，不仅能帮我们定位身处
> 所在，还能帮我们看清自己从哪里
> 来，到哪里去。
>
> ——加布里埃尔·罗斯
> （Gabrielle Roth）

我又来到约瑟夫的办公室，继续此前的话题。约瑟夫指着他墙上的一幅壁画，我上次就注意到了这幅画，但没太在意。"这是选择地图（见图 3-1），"他解释说，"它帮助我们更好地观察生活中的两条基本路径——学习者思维（Learner Mindset）路径和评判者思维（Judger Mindset）路径。顾名思义，这张图与我们做选择的能力有关。我们来看选择地图左侧，有个人站在'起点'箭头上方，处于两条路之间的十字路口。这个人物形象代表你和我，代表我们每一个人。每时每刻，我们都面临着选择，在学习者思维路径和评判者思维路径之间做出选择。再来看看这些人头上的思维泡泡，注意一下所提问题、所选路径以及不同路径通向何方这三者之间的关系。"

随后，约瑟夫把我的注意力引向地图左边那个"起点"箭头旁边的两个小指示牌：学习者思维对应的是"选择"，评判者思维对应的则是"反应"。我看着学习者思维这条路，路上的人正愉快地慢跑着。这条路与选择有关，看上去很吸引人，我跃跃欲试。

接着我看了看评判者思维路径，那上面写着"反应"。在这条通向"评判者"的道路上，那人看上去十分苦恼，显得很凄惨，也不再是快乐的慢跑者了，而是陷进了评判者泥潭之中。我开始还暗暗发笑，但随即又硬生生地咽了下去。这就是约瑟夫对我的印象吗？我的肩膀不自觉绷紧了。万一他是对的呢？

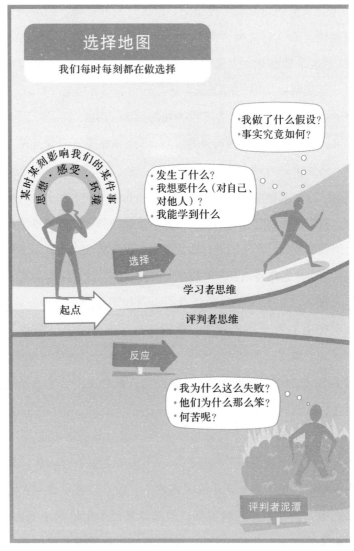

图 3-1　选择地图

图 3-1 （续）

注：读者可以在 www.inquiryinstitute.com 上免费下载彩色版本的选择地图。

"希望你不要把我当成评判者泥潭里的那个失败者。"我小心翼翼地说道。

"如果有人觉得你是个失败者，你就不会坐在这间办公室里了，"约瑟夫答道，"我们每个人都有评判时刻，包括我。这是人性中很自然的一部分。选择地图就是要帮助我们以一种更有意识的方式去观察自己和他人，随时看清自己选择的是什么思维路径。这不是在给人贴标签，或把他们归类。就把选择地图看作一种自我指导的工具吧，用它来帮助我们神志清醒、心明眼亮，规划出更有效的道路，让我们无论做什么都能获得更好的结果。

我稍稍放松了一点。

"几乎在生命中的每一刻，我们都要在学习者和评判者这两条路之间做出选择，"约瑟夫继续说道，"尽管有时意识不到，但我们确实是每时每刻都在做选择。许多选择可能体现在我们多年来形成的例行程序或日常习惯之中，其中一些选择每天都要面对，几乎注意不到。举个例子，你也许总是走某条路，因为走那条路上班最快。之后，假设交通模式变了，现在旧路线所花时间翻倍了，但你没有去找新路线，而是继续走旧路线。要是有人提出更好的路线，你还会维护你的旧路线，抱怨新路线交通拥挤。在这种变化下，如何做选择去应对，将把我们带上不同的道路，是学习者还是评判者，而这些道路正是我们的思维模式。正如你看到的，选择学习者思维，我们可以发现新大陆；而陷入评判者思维，我们最终会陷入泥潭，或者说，走一条既不自在又没有价值的老路。

"大多数时候，我们都在学习者思维和评判者思维之间来回切换，几乎意识不到自己也可以控制或选择。对我们自身而言，所经历的许多事情似乎是真实的或合乎逻辑的。我们一路走来，仿佛所经历的就是事情本来的样子。然而，只有当我们全神贯注地观察自己的想法和感受，观察所用来表达想法和感受的语言，我们才真正开始做选择了。这是成功的关键，可以将其类比为我们的大脑健身房。如果没有一个强大的自我观察者，自我教练又从何说起呢？其实很简单，就是问自己'发生了什么''我在哪里''我的状态是评判者还是学习者''我想要什么'这样的问题。选择始于对我们自己思想、情绪和观念的观察，比你想象的要简单。"

我点了点头，开始有些听进去了。

"让我们来验证一下吧，"约瑟夫说，"正好有一个合适的问题。刚刚你还问我是不是认为你是个失败者、评判者，我们来看看你提这个问题的那一刻，发生了什么。"

"好吧。"我不安地点了点头。

"想象一下，你就站在学习者和评判者两条路之间的十字路口上，"约瑟夫指着选择地图左边那个"起点"箭头说道，"注意下环绕在人物上方的圆圈里的文字：某时某刻影响我们的某件事。这可以是思想、感受，也可以是环境。某些情况可能让人不愉快，比如发生一笔意外支出，比如突然接个电话听到坏消息，又或许是一辆卡车在停车场剐蹭了你新车的挡泥板。那一刻，整个世界开始看起来就像评判者路径尽头的泥潭。世事难料，人生难免遇上糟心事。对吗？"

我翻了翻白眼，心想，这才哪到哪，他不知道的还多着呢。

"但是，也可能发生积极的事情，给我们带来正面影响，"约瑟夫继续说，"你喜欢的球队在比赛中意外获胜，你的老板给你升职加薪，或是你的爱人邀你共度浪漫夜晚。"

"这种好事儿，再来多些，我也承受得住！"我嘟囔道，"你说这些是什么意思呢？"

"我的意思是，我们身上总是发生着这样那样的事情，"约瑟夫说，"我们对此没有太多选择，但事情既然发生了，我们也确实可以去选择怎么看待刚刚发生的事情，下一步又要怎么做。眼前就有个很恰当的案例，咱们可以一起来看看，就是我第一次向你展示选择地图时，究竟发生了什么。你只是看着图就有了一些想法和感受，进而走上了评判者路径。你觉得当时发生了什么？"

"我不知道，"我说，"有什么东西一下就把我惹生气了。"我还记得当时脑海中闪过的一个个问题：约瑟夫是不是觉得我是个评判者？他是不是觉得我是个失败者？他是不是觉得我就像那个陷在泥潭里的人？

"是，我承认。"我说，"我当时的心态变得很糟糕。"

"哦！"约瑟夫惊叹道，"这里没有好坏之分，也没有对错之分，而是去观察到底发生了什么，去观察你对此是怎么做的。请记住起点处的那两块小指示牌：选择和反应。刚开始的时候，你对所发生的事做出反应，连续不断地向自己提出各种各样负面的评判者问题。"

"我是不是无药可救了？"我说着，无奈地咧了咧嘴，勉强挤出了一丝微笑。

约瑟夫以微笑回应我。"这倒是个负面的自我提问，我称之为自问，就是这种负面自问直接把我们送进了评判者泥潭里。"

"那我怎么走出来呢？"我问。

"观察自己的心态，然后做选择。我认为，生活高效、美满的秘诀，首先就在于我们能够分得清评判者和学习者之间的区别，这是提问式思维的关键。改变提问，改变思维；改变思维，改变结果。即使只有一秒钟，你也可以后退一步，变身为一名观察者，观看这部演绎了你的人生的电影。你只用注意那些浮现出的情绪、想法和行为，而不用去做任何解释或判断。如此正念，如此专注当下，就为你接受现状、做出改变做足了准备，你也可以认识到我们确实可以选择思维方式。与之天差地别的则是，你完全沉浸在现状中，除此之外，无法想象其他情况、其他可能。对于这种被别人、被无法控制的环境牵着鼻子走的感觉，正念可以让我们从中解脱。"

我点了点头。"在工程问题上，我会用类似这样的观察者分身，反复核对我的计算和结论，同时确保自己没有漏掉什么东西。你是在说，选择地图提供了一种方法，即发展观察者分身来检查自己（观察可能影响自己选择的情绪和想法），不仅是检查数字，也是检查自己和其他人。这样，我就有了修正方向的能力。"

"正是如此！我相信你肯定有过这样的经历，就是叫错了别人的名字，或者差点儿说错话。我们都有这样的经历。这种时候，发现失误的就是你的观察者分身。你看，这是一种天生的能力，每个人都有，而选择地图则帮助我们有机会关注更广阔的图景。没有这种能力，你只能在自动导航模式下进行盲目反应。选择地图是关于如何有意识地做出选择，而不是被我们周围的事件或我们的情绪所控制。对手头上的事情进行有意识、清醒的积极应对，这正是领导力的基本要素。"

约瑟夫停顿了一下，脸上随即绽开了笑容。"我和你讲个我自己的小故事吧。"他说，"几个月前，我给一家大型建筑公司的主管做辅导。我整整用了 15 分钟听他抱怨，听他把公司的所有问题都归咎于其他所有人。他一直在说这个

世界到处都是白痴。我当时真是受够了他那些喋喋不休的评
判言辞，真想一脚把他踢出我的办公室！评判者问题在我脑
海中疯狂涌现。'我怎么遇上这样的人？''他以为自己是谁，
上帝赐给人类的礼物吗？'突然间，我反应过来自己在做什
么，那会儿差点笑出声来。就因为他评判别人，我就来评判
他！我和他一样，都处于评判者思维。天啊，我已经被评判
者劫持了！"

　　约瑟夫讲起自己这个故事的时候还挺自得其乐的。"那
选择地图能怎么帮到我们呢？"我希望他能告诉我整个
过程。

　　"首先，你会注意到事情有些不太对劲，"他说，"也许
你会感到紧张，或是心烦意乱，或者只是进入了一个'死胡
同'。这意味着，你的观察者分身开始行动了，帮助你更有
觉察意识。往往在你大脑有所反应之前，你的身体就已经大
声告诉你线索了。你突然感到你的肩膀不自觉地往上提，或
者肚子开始咕咕叫。然后你问自己，我现在是处在评判者状
态吗？如果答案是肯定的，你可以再问自己，这是我想要的
吗？在我讲的这个故事里，第二个问题的答案当然是否定
的。如果我还留在评判者状态，我就没办法帮助那个家伙
了。站在评判者的立场上，没人能帮助他人。"

　　　　站在评判者的立场上，没人能帮助他人。

"听起来你应该及时止损，早点脱身啊。"我建议道。

"恰恰相反，"约瑟夫回答，"一旦我们的观察者分身意识到我们正处于评判者状态，我们也就是时候可以开始控制自己、控制局面了。当然，我们必须不带评判色彩地去认识自己这个评判者，不管我们是评判自己还是评判别人。这样，我们才有了选择，可以选择下一步该做什么，可以选择将自己的思维方式从评判者转变为学习者。有一类特定的问题可以帮助我们，为我们提供改变的具体方法，我称之为'转换问题'。那天对我起作用的转换问题是：我还能怎么去看待他这个人？

"这个问题给了我自由去思考——他需要什么？这个问题让我对他产生了好奇，而不是急着放弃他。选择地图简化了这整个观察自己的过程，你会发现更多的选择，即使在压力之下也能做出明智选择。事情进展顺利的时候，选择很容易；而压力来临，才是真正考验我们的时候。"

他刚才说的话让我想起了与格蕾丝在机场的那个糟糕瞬间。"似乎只要有冲突就会牵扯到评判者，"我想了想说，"我的意思是说，冲突双方最后都进入了评判者状态，这很正常，不是吗？"

"非常正常，"约瑟夫说，"而这种情况发生的时候，事件将不断恶化，直到一发不可收拾，再也没法找出一个好的解决方案。但这里，告诉你一个价值千万的锦囊——当两个

人发生冲突时，谁先从评判者状态中清醒过来，谁就有能力
扭转局面。"

当两个人发生冲突时，谁先从评判者状态中
清醒过来，谁就有能力扭转局面。

我恍然大悟。每当格蕾丝和我意见不合时，常常一瞬间
她就不固执了，变得开明起来。她的转换能力总是让事情变
得轻松，我经常想知道她是出于天性，还是有什么窍门。有
一次她告诉我，她只是深吸了一口气，提醒自己注意大局：
我们的关系比证明她自己是对的来得更重要。如果约瑟夫的
方法能教我如何通过选择做到这一点，那我就会在与查尔斯
的较量中遥遥领先，他可是我工作中的对手。

"我愿意试一试，"我小心翼翼地说，"我从哪里入手呢？"

"从你的身体感受入手，你去注意一下，有时感受非常
微妙，比如你的下巴或肩膀有点紧绷，或者你会有所谓的
直觉。"

"是的，"我说，"我确实会紧张起来。我猜你会说这是
防御态势。"

"在这一点上，注意你问自己的问题。你是以什么思维
去问的？是处于评判者状态吗？问这些问题至关重要。处于
学习者状态时，我们效率最高，几乎对所做的每件事都满
意，那时，我们足智多谋、坚韧灵活、思维活跃。

"不过，如果你偶尔走上评判者道路，也不用担心。这只是人性，我们凡人都难免。我也这样，即使经过这么多年的思维练习，也还是免不了每天评判几次。但至少，我现在学会了嘲笑自己，而不是去评判我内心的评判者。

"随着你的观察者分身变得更加强大和可靠，你会发现，转换你的问题，并回到学习者状态，会变得越来越容易。这样，事态再次明朗起来，你又可以继续追求你想要的结果了。"

"说得容易。"我说。

"这比你想的要容易，"约瑟夫说，"你所需要的一切都早已准备就绪。不断提出转换问题，可以帮助我们塑造有弹性的观察者分身和强大的学习者思维。同时，这也是在安抚那个内心躁动的评判者及其可能制造出的混乱。"

> 不断提出转换问题，可以帮助我们塑造有弹性的观察者分身和强大的学习者思维。

"根据身体反应和情绪释放出的信号，我们可以判断自己是否陷入了评判者状态，但我们很难去和这些信号辩论。还记得之前我和那个主管的事吗？当时就是我自己的情绪和态度给了我线索，让我意识到自己正处于评判者状态，我已经学会了将这些线索与评判者关联起来，就是变得自以为是、目中无人、怒火中烧、充满防备。比如，你可能会想

'我得给那家伙点颜色看看'，或者'也许这能教他下次乖乖听我话'，或者'某某某真是个白痴'。我发现，每当我陷入负面情绪，肯定是评判者问题和态度在作崇。一旦我观察到自己的这种状态，我就可以改变提问，从而轻松扭转局面，获得截然不同的结果。"他停顿了一会儿，接着说："我们来做个实验吧。我将列举两组不同的问题。我说的时候，你来感受一下每组问题是怎么影响你的。注意你的呼吸、你的肌肉、你的姿势，以及你身体不同部位的感觉。"他站起来，走到选择地图前。"问自己这些问题：

- 我到底怎么了？
- 这是谁的错？
- 我为什么这么失败？
- 为什么我什么事都做不好？
- 他们为什么那么无知，那么让人头疼？
- 我们不是已经那样做过了吗？
- 何苦呢？"

他列举这些问题（见表 3-1）的时候，我感觉自己胸部绷紧，肩膀僵硬。我就像个菜鸟投手一样，在重要比赛的最后一局只能呆若木鸡。我不自在地笑了笑说："是，我确实感觉全身都有些紧张。"

表 3-1 评判者提问与学习者提问

评判者	学习者
我到底怎么了？	我看重自己什么？
他到底怎么了？	我欣赏他哪里？
这是谁的错？	我负责吗？
我怎样才能证明我是对的？	我能学到什么？什么有用？
他们为什么那么无知，那么让人头疼？	他们在想什么？感觉怎么样？想要什么？
我们不是已经那样做过了吗？	接下来最应该做什么？
何苦呢？	可能的情况是什么？

"好吧，你会如何描述你的感受呢？"

我耸了耸肩。"老实说，"我说，"我感觉自己就像评判者泥潭里的那个人。"我绞尽脑汁想找个词来形容当时的感受。最后，我想到了这几个词：绝望、无助、悲观、消极、精疲力竭、郁闷、紧张、受害者、失败者。好在约瑟夫没有再让我继续说下去，我松了一口气。

"现在，给自己一两分钟的时间来调整下呼吸，只是观察此刻发生在你身上的事情。想象你是个观察者，观察那个坐在我办公室里的你自己。与此同时，你也要注意是不是有些情绪和感觉开始发生变化。"

我照他说的做了。起初，变化很微妙，似乎那些负面的感觉开始减少了。我点了点头，说："嗯，感觉还挺好。"

"这只是浅尝了下自我教练的力量，稍稍体验了下观察者分身怎么起作用的。"约瑟夫说，"后面，我们还将探索更多工具，帮助你强化观察者分身。你将锁定那些阻碍你的问题，同时学会设计新问题，从而直接进入学习者领地。这是领导力的基本要求，领导者的情绪对其能否成功起着重大作用。对此，我的一位朋友曾经说过这样一句颇有智慧的话，'要么你掌控你的问题，要么你的问题掌控你'。"

要么你掌控你的问题，要么你的问题掌控你。

约瑟夫在办公室里轻松地来回踱步，抚摸着下巴，似乎在考虑着什么。最后，他停下来，再次面对着我问："我们来看看学习者路径吧，怎么样？你再听听，边听问题，边想象是你自己在问自己这些问题：

- 发生了什么？
- 我想要什么？
- 这有什么用？
- 我能学到什么？
- 对方在想什么？感觉怎么样？想要什么？
- 我有什么选择？
- 现在最好做什么？
- 可能的情况是什么？"

听到这些问题，我内心平静了下来，同时又感受到一丝兴奋，这跟我听评判者问题时的感受大不相同。我的呼吸变轻松了，心情变轻松了，突然间有了更多的能量，不强颜欢笑，心态开放包容，这在听第一组问题时从未有过。我的肩膀放松下来，真是个惊喜，我好久没有这么平静过了！我很惊讶，自己情绪的变化居然如此之快。

"你会用什么词语来描述你现在的感受呢？"他问。

我轻松地深吸了一口气。"开放、轻盈、积极、好奇、活力、乐观，"我轻声笑着说，"相比今天早晨，我现在感觉有希望多了……也许我的困境终究还是有解决办法的。"

"很好，"约瑟夫说，"你现在的感受表明你已经步入了学习者思维，你正走在学习者道路上。"

我松了一口气。就算还没有完全认同约瑟夫所说的一切，但也许这次教练还是有些用处的。我必须承认，这么长一段时间以来，我第一次感到有希望多了。难道这家伙真的像亚莉克莎认为的那样厉害吗？他的名片上有个大大的问号，看起来有些古怪，听上去还有些疯狂，但也许他真的能给我一些工具，让我有能力改变现状。

Change Your

Questions, Change
Your Life

第 4 章

走出评判者状态

情绪失控与意识到被情绪控制
之间天差地别。苏格拉底的那句箴
言"认识自己"一语道破了情商的
基石——意识到自身情绪的发生。

——丹尼尔·戈尔曼
（Daniel Goleman）

中途休息的时候，约瑟夫到他办公室隔壁的小厨房为我们准备鲜煮咖啡。趁着他不在，我刚好有时间看看手机。有一条来自格蕾丝的语音信息，她说她的小助理詹妮弗又把一项工作搞砸了。"我得找人倾诉一下，"格蕾丝说，"我真想马上叫她走人。你能尽快给我回个电话吗？"我关掉手机，心想，格蕾丝为什么要在上班时间打扰我？她就不能自己处理詹妮弗的事吗？她是觉得我得把她的问题放在我的问题之上吗？想到这些，我的下巴和肩膀都开始发紧。

就在这时，约瑟夫端着托盘回来了，托盘上面放着满满两杯咖啡，还有奶油壶和糖碗。我拿了一杯咖啡，很感激这会儿可以简单转移下注意力。我需要让自己平静下来，这样才能好好听约瑟夫接下来要讲的话。他又开始讲回那位主管的故事。

"那天，我和我的客户都取得了突破，"他说，"当然是发生在我意识到自己被评判者劫持之后了。"

"等一下，"我说，"你之前也用了这个词'被评判者劫持'。什么是被评判者劫持？"

"就是某件事引爆了你，惹火了你。这通常是某个人或某种情况。"约瑟夫说，"一开始，你好心好意想要把事情做好，但突然你发现自己紧张起来，走上了评判者之路，很快你就再也听不进别人的话了。你的戒心越来越重，或者你只想尖叫着跑出去。"

"我知道那种感觉，"我说，"我真是太了解了。但这不是很正常吗？"

"是正常。"约瑟夫说，"但不管正不正常，问题是只要想把事情做好，我们就必须借助工具来修复自己，集中注意力，提高大脑掌控力。这就是切换到学习者思维。一旦做到了这一点，我们的视角就会改变，视野就能打开。如此，我们才能从被评判者劫持的状态中恢复过来。"

"好倒是好，"我说，"但是，你和那个主管谈过了吗？他听明白了？"问出问题的那一刻，我意识到我也在问自己同样的问题：我听明白了吗？那位主管的故事有些地方让我感到不安，那是什么呢？

"哦，当然。主管最终还是明白了。"约瑟夫说，"最后，他还给了一个很有意思的评论，'困于评判者程序，代价可能巨大，未来只能是不断地重复过去；而身处学习者程序，能量即刻产生，且源源不断，你可以为自己创造一个新的未来'。"

困于评判者程序，代价可能巨大，未来只能是不断地重复过去；而身处学习者程序，能量即刻产生，且源源不断，你可以为自己创造一个新的未来。

突然间，我知道是什么在困扰着我。主管的故事其实有可能也是我的故事。

"你这么说，听上去好像所有判断都是坏事似的。"我打断他说，"我不同意。如果不做判断，我根本无法完成我的工作……而且，我也很以自己的判断力为荣。不管是做技术选择，还是选择供应商、给团队成员分配合适的工作，你都必须做出判断。"

"当然如此，"约瑟夫说，"你提出了很重要的一点。进行判断就是要把事情想清楚，做出明智的选择。对此，我称之为辨别，这在你这样的工作中至关重要。而我谈到的判断，并不是这个词义上的。我说的是评判，指的是专门找碴儿、吹毛求疵，或者纠缠于负面的东西。记住，评判者是在做评判。评判和做好判断是两回事。

"事实上，评判者思维是做出正确判断的大敌。评判的时候，脑袋里的想法变得尖酸刻薄，身上的肌肉则为格斗或奔跑做好了准备。某些情况下，我们会僵住，大脑一片空白，根本无法思考。这就是典型的'逃跑或战斗反应'，要么逃跑放弃，要么奋力一搏。以上这些都是我们生存反应模式的变体，好好运用判断力则与之相反。判断和评判听起来很像，但很遗憾，它们完全不是一回事。我的字典将评判定义为'攻击自己或他人'，好好做判断则与之完全不同。"

评判者思维是做出正确判断的大敌。

"我明白了，那评判者思维总是在批判咯。"我说。

"没错。"约瑟夫喝了一小口咖啡说，"评判者总是在批判。而且，评判者有两面性：要么批判自己，要么批判别人。实际上有时是既批判自己又批判别人。"

我陷入了沉默，试着消化他刚说的话。这话会如何适用于我呢？听到格蕾丝留言的时候，我绝对是持批判态度的，直接跳进评判者状态。不过，对格蕾丝来说，她在上班时间给我打电话说詹妮弗的事，她也没有做好判断。又或者，我还在批判格蕾丝？

约瑟夫靠在椅背上。"你现在在想什么？"他问。

"不能否认，最近我很多时候都处于评判者状态，"我支支吾吾地说道，"但对上查尔斯这样的人，你怎么能避免走上那条路呢？他是我们团队问题和糟糕业绩的罪魁祸首，快把我逼疯了。"我咬紧牙关，不想再说什么了。我不喜欢把自己老是想成一个评判者，甚至真的开始痛恨这个什么所谓的评判者。再说了，面对周边堆积如山的难题，你怎么可能保持在学习者路径上呢？

约瑟夫一定读懂了我的心思，因为他接下来说："记住，我们都会陷入评判者状态，这是人性，尤其在事情进展不顺利的时候。评判者将永远是你的一部分，且人人都是如此。就这一点来讲，我们都是正在恢复的评判者。目标就是要和评判者建立一种全新的关系，甚至可以说是学习者关系。不用怀疑，我们的评判者反应可能会有点上瘾，很容易过度依赖评判者意见。我们越是沉溺于评判者身份，评判就越会成为一种习惯，并主导我们。虽然我们永远无法摆脱评判者，但可以学会管理它，学会与它相处。一旦你做到这一点，一种全新的存在方式就会显现出来。觉察、承诺、同情、勇气、宽恕、认同，再加上一点幽默，我们需要这些东西，来让我们不断恢复自我，重回学习者路径。"

"我的建议就是，我们每时每刻都要接受评判者，践行学习者。这不是要你走上学习者道路就停在那儿了，那只是白日做梦。真正的力量是要看我们被评判者掌控后，多久可以从中恢复过来。这就是为什么我和那位主管都取得了突破性进展，摆脱了当时的困境。没错，我被评判者劫持了，但在我意识到的那一刻，我就可以自救了，踏上学习者道路，重新获取力量。甚至有时候，看看自己能多快捕获评判者，又多容易从中恢复过来，也是挺有趣的。"

我们每时每刻，都要接受评判者，践行学习者。

"坦白说，"约瑟夫笑着说，"有时我发现自己一个小时内就会陷入好几次评判者状态！"

"真难以相信，你太会隐藏了。"

"这不是要隐藏。我总是说，拒绝承认评判者，反倒让评判者昂首挺胸。否认评判者，评判者只会越来越强大。我没有隐藏评判者，而是努力与之建立友好的关系。从接受开始，真正地接受，这可完全不意味着容忍某个人或某种情况。顺便说一下，你可以在使用指南里找到一个叫作'与评判者交朋友'的工具。"

"就是说要接受，并与我内心的评判者和平相处，"我说，"这就是你说的与评判者建立友好关系的意思吗？"

"我补充一下，当别人处于评判者状态时，只要你能接受他们，往往也都能帮助他们改变。"

他提议的这些真的让我很为难。我心想，他想让我接受对自己的评判，包括接受对查尔斯的评判吗？我想起了上个星期，我和格蕾丝与她表弟一起吃晚餐。他倾诉的内容很私人，他一直在与酗酒问题做斗争。后来，情况变得越来越糟，他终于去参加了戒酒互助会。谢天谢地，他现在好多了。她的表弟说，真正帮助他的是静心祈祷。

约瑟夫是在说我不能改变评判者思维的存在，但可以改变对待它的方式，改变与其他人的关系吗？一想到要永远跟评判者打交道，我就不太高兴。不过话说回来，至少这意味着我并不比谁差。要是格蕾丝听到这个想法，肯定会笑出声。

我想得有点走神了，在脑海中拼凑着不同的想法。突然间，我听到约瑟夫问我："可以跟我再说说查尔斯的事吗？"

"在我领导的项目团队里，他是二把手，"我说，"希望我说的时候没有表现得太过气愤。但这家伙，我说的每句话，他都要质疑。我得承认，他也有权跟我理论。他没能得到我的那个位子，他不能不怨恨。换作我，我也一样！他自以为自己无所不知，又挑剔又小气。他一直在问问题，不停打断我。他就是存心要坏我的事，绝对的。而且看起来他快成功了。"

"当你想到查尔斯的时候，脑海中第一个闪现的问题是什么？"

我笑着说："那还用想吗？我怎样才能用绳子拴住这家伙，别让他毁了我？"

"还有吗？"

"多着呢！我怎么才能控制他？我不应该是这个团队的领导吗？我怎样才能让这家伙按计划来？"

"还有呢？"

"我怎么卷进了这个烂摊子？我凭什么觉得自己能胜任领导工作？"我停顿了一下，然后断言，"听着，你认为我需要改变，但问题是，查尔斯同样也需要改变。"

"也许如此，"约瑟夫说，"但现在是你在我办公室。改变，得从想要改变的人开始。对吧？"

这句话真的打击到我了。我坐回椅子里，深吸了一口气。"那我该怎么办，无视他一有机会就在我背后捅刀子的事实？"我要发火了，"我的反应和查尔斯的所作所为是分不开的！"

"哈，这事儿妙就妙在这儿，"约瑟夫说，"你可以把你的反应和他的行为、其他人的行为分开，除非你这样做，否则你将不断丧失力量。任何人，包括查尔斯，都可以随意操控你，劫持你内心的评判者。就是这个问题，要么你掌控你的评判者，要么你的评判者掌控你。"

> 要么你掌控你的评判者，要么你的评判者掌控你。

"我不赞同你，也不反对你，"我说，内心火冒三丈，"在查尔斯这件事上，我不认为我会改变看法。"

"这是个问题吗？"约瑟夫问道。

"你在说什么？"

"你能把刚才那句话用问句重新说一遍吗？"

"你是说，那句话说成，我还能怎么想查尔斯的事？"我很惊讶，问出这个问题的那一刻，我内心感受到了微妙的变化。最起码，我松了一口气，在此之前我甚至都没意识到自己屏住呼吸了，我的肩膀也明显放松了，约瑟夫很可能都注意到了。

"正是如此。你注意到了吗？你刚刚把自己转换成学习者了。就这么快。我的回答是，无论查尔斯或其他人做什么，你都可以使用选择地图，并结合你正在学习的身体信号，来识别出自己何时进入了评判者状态。你一定听过这句话，重要的不是你的生活发生了什么，而是你接下来要做什么。选择地图提醒我们退后一步，观察我们所处的位置，这样就可以选择下一步要做什么。这就好比，你授权给你的观察者分身，观看一会儿自己表演的电影。然后，你就可以区分查尔斯做了什么，以及在此前提下你的选择。你可以问一个我最喜欢的转换问题，'在这一刻，我选择成为谁'？"

我努力去听约瑟夫的劝导。这并不容易。我的脑海里仍然在闪现着评判者问题，我的身体也能感觉到它们。我想在查尔斯的事上，评判者牢牢抓住了我。我的婚姻也会这样吗？

"让我们暂时回到那个站在十字路口的人，"约瑟夫说着，手指敲了敲选择地图左侧的起点箭头，"记住，这个人物代表着遇到事情必须处理的每一个人。我们被难住了，需要处理的可能是一些外部环境，也可能是我们自己的想法和感受。不管什么情况，重要的是要记住我们可以选择如何去应对。你知道这些选择是什么吗？"

"我们可以直接做出反应，进入评判者状态，"我一边想一边说，"或者，我们可以先停下来，审视一下我们的情绪和身体感受，留意一下我们在问什么样的问题，然后试着选择学习者模式。我们可以选择，我们也有选择。"

烟花开始在我的脑海中绽放。我其实是有选择的！我想选学习者，就可以选学习者。也许约瑟夫的方法真的可以让我的工作成果有所改变。

"我不得不说，"我小心翼翼地告诉他，"也许区分评判者和学习者没有我想象的那么难。"

约瑟夫居然拍起了手："是的。是，太好了！一旦你能够观察自己的想法和感受，并认识到学习者和评判者之间的区别，你就会步入自我教练的领域，在那里，你会掌握选择的力量。人性的本质在于我们不仅能够在一件事和另一件事之间做出选择，而且有能力创造新的选择。"

约瑟夫似乎对这个想法感到非常兴奋。"你学得真快，"他感叹道，"亚莉克莎看重你的地方，我感受到了。"他瞥了一眼手表，"我们谈了很久了，今天就先到这里吧。"

约瑟夫拉开一个抽屉，拿出了几张彩色选择地图。

"拿着，"他说着把地图递给我，"你到公司之后研究一下选择地图。再带一张回家，贴在冰箱上。"

我心里暗暗叫苦。我到底该怎么跟格蕾丝说这些！她肯定会问我从哪里拿来的选择地图，为什么把它贴在冰箱上。

"这张地图说明了学习者思维和评判者思维之间的根本区别。"我们走过长廊时，约瑟夫说道，"其实，这里面的意思很简单。改变你的提问，改变你的结果。对于正在恢复的评判者来说，这是自我管理的核心技术。这适用于我们所有人，我们都是正在恢复的评判者。"约瑟夫笑了。"认识到这一点，可以提醒我注意保持谦虚。"

改变你的提问，改变你的结果。

走到外间办公室的时候，约瑟夫在门口停下来，转过身面对我。越过他的肩膀，我看向提问式思维名人堂的那面墙，里面有一张亚莉克莎的照片，看着像来自某本主流杂志，介绍她获得了什么奖项。说起来惭愧，我都不知道有这篇文章，也不知道是什么奖。我都认识亚莉克莎这么多年了，按理说，我确实应该早有耳闻才是。

"下次见。"约瑟夫说着，亲切地跟我握手道别。我的大脑高速运转，我的整个生活要翻天覆地了。与此同时，我感到轻松多了，这么多年从未如此乐观，这种感受真让人摸不着头脑。

亚莉克莎说得没错，这个约瑟夫确实有办法启发大家去思考如何做出改变。我开始想象，也许跟他合作，我可以找到答案，又或者是新的问题，让我的事业重回正轨。

第 5 章

厨房交心

最大的问题是，你能否对冒险
发自内心地说"是"。

——约瑟夫·坎贝尔

（Joseph Campbell）

第二天大清早，格蕾丝发现了我前一天晚上贴在冰箱门上的选择地图。像往常一样，我在新鲜咖啡的香味中醒来，下楼来到厨房。格蕾丝总是起得比我早。她属于每天醒来都兴高采烈、精力充沛地迎接新的一天的那种人，我呢，则刚好相反，我知道这一点有时候会让她紧张。她说我每天早晨就像一只刚结束冬眠的熊。我觉得比那要稍微好点儿吧，不过，我确实不太会哼着快乐的小曲儿开始新的一天。

我一走进厨房，就看到格蕾丝站在冰箱前，背对着我。看那样子，好像是在全神贯注地研究那张选择地图。我下意识就开始担心她可能会说些什么，她肯定会刨根问底，那我就得向她坦白一切了，包括我在工作上遇到的麻烦，以及其他所有事。说明白这些，才能解释我是怎么得到选择地图的，还有我为什么要把它贴在冰箱上。然后，我可能还不得不告诉她，为什么亚莉克莎让我去见约瑟夫，而这很有可能引爆我俩之间的情感雷区。

我还在想着怎么才能不说这些，突然间，格蕾丝转过身来，给了我一个大大的拥抱。

"你从哪儿弄来这个的？"她问，"简直太棒了！"

她从冰箱门上取下选择地图，拿在手里朝我挥着。我含含糊糊地说，这就是工作上的一份特殊培训讲义，然后去给我俩一人倒了一杯咖啡。

"太神奇了，"她说，"我才看这么一会儿，就已经从中学到了一些东西。还记得我给你留言，说我工作助理詹妮弗的事儿吗？我想我最近对她太苛刻了。我一靠近她，就能感觉到她缩手缩脚的。看着选择地图，我意识到了，其实自己一直在评判她，就像这上面说的，我肯定这让她紧张。她是搞砸了不少事，但我也在想，自己是不是也在其中揠苗助长呢？毕竟，如果老板总认为员工一无是处，那么没有哪个员工会把工作做到最好。"

"这一切都在于你问的各种问题。"我想都没想就脱口而出。

"什么问题？"格蕾丝问道，"我和可怜的詹妮弗还从来没有走到那一步。"

"约瑟夫给了我这张地图，据他说……"

"等等，"格蕾丝打断了我的话，"约瑟夫是谁？"

我茫然地盯着她看了一会儿，犹豫着是否该告诉她真相，最后还是决定大事化小。"他是亚莉克莎聘请的一位顾问。"我跟她这么说，决定不透露任何不必要的细节。昨天见完约瑟夫后，我花了一个小时研究地图，为格蕾丝可能提出的各种问题做好了准备。"他声称，大多数时候，我们甚至没有意识到我们问自己、问别人的问题。这也就是选择地图所要告诉我们的。它提醒我们要仔细观察这些问题，因为这些问题会影响我们的思考、感受和行为，甚至会影响到别人如何回应我们。"

格蕾丝看起来很困惑。我凑上前去，指着十字路口的那个人。"关键就在这里，"我指着人物上方的几个词"思想、感受、环境"说，"任何事情发生在我们身上的那一刻，就是我们开始扪心自问的时候。我们越早认识到自己在问什么越好。这样一来，我们才会有更多的选择。"真的是我在这儿说的吗？我居然能回忆起约瑟夫教过的这么多内容，自己都感到很惊讶。我们聊得越多，我就越能跟得上提问式思维这个东西。

"我感觉最主要的就是这两条路，"格蕾丝说，她用手指对照着这两条路先后描画了一遍，"走学习者之路，你就会继续前进。学习者说，'我想要什么？''我有什么选择？''我能学到什么？'，嗯，你说得对，这些都是问题。而走在评判者之路上的那个人，他被另一类问题给困扰住了，比如'这是谁的错？''他们到底怎么了？'。我和你说，本，我在办公室，都能听到一根针掉到地上的声音，或者听到有人叹气，这时我的脑子里首先蹦出的念头就是'天哪，现在又是怎么了？詹妮弗还能搞出什么事来？'。我立马对她怫然不悦。你知道她昨天做了什么吗，本？她……哦，等等。我差点又掉进了评判者模式，不是吗？"

我解释道："是这样的，每时每刻都有事情发生，有好事，也有坏事。事情发生会让我们措手不及。特别是，如果我们习惯于评判，那么提出的问题往往会遵循同样的模式。

如果我们更倾向于学习者模式，我们也就会朝学习者方向提出问题。"

"行动服从思想，"格蕾丝补充道，"这是一个基本原则。但我从未从提问的角度考虑过这一点，而是行动跟着问题走。在我看来，诀窍就在于保持一种学习者思维模式。"

"按照约瑟夫的说法，"我告诉格蕾丝，"没有人可以永远待在学习者状态。偶尔陷入评判者境地是很正常的事情。事实上，我们一直在这两种思维之间来回转换。这只是人性。"就在我讲这些话的时候，我还在想那天我送她到机场时我们之间发生的争执。我竟然那样对待她，想想就汗颜。我还没有准备好和格蕾丝谈这些，但我至少要鼓起勇气说一点儿。

"进入评判者状态真是太容易了，"我小心翼翼地组织语言，说道，"比如，几天前我正想从路侧驶入车流，就差点被一辆超速一倍的出租车撞到。这种时候，我立刻进入了评判者状态，那速度仿佛一道闪电，你懂吧？事情发生得太快了。一瞬间，我拳头就硬了，准备揍那家伙一顿。"

"有时候啊，你真的让我担心。"格蕾丝摇着头说。

我的肩膀开始绷紧，我可以感觉到自己变得防备起来。尽管我没有出过交通事故，但我知道她不太认可我的一些驾驶习惯。我们以前也曾为此争论过，但这次我内心有个声音阻止了我，说道："老兄，别那样。"我深吸一口气，耸了耸肩，试着放轻松，不把事情搞复杂。

"这只是一个例子。多亏了约瑟夫的选择地图，我现在明白了，那个千钧一发的时刻，是怎么让我立刻陷入了评判者境地的。我并不是在说我处理得很好。事实上，我知道我没有处理好，因为我在接下来的几个小时里都气得要命。用约瑟夫的话来说，我当时经历了'被评判者劫持'。"

我真的很想告诉格蕾丝整个故事，告诉她，我这段时间以来经历的那些糟心事。我一直在烦恼是不是要辞职。当初又因为不得不见约瑟夫，内心恼火。想到自己的整个事业都要化为乌有，我又伤心又担心。如此这般，格蕾丝还在就我们的关系不断向我施压，我真的怒了。我的生活变成了一个大的……嗯，一个巨大的评判者泥潭，而我估计已经深陷其中而无法自拔。

想着想着，我意识到自己对约瑟夫来说，其实是个麻烦，就跟他提到的那个爱评头论足的主管一样，这时，我浑身都紧张起来。第一次见面，我无精打采地走进他的办公室，内心绝望地认定跟他见面纯粹是浪费时间。鉴于当时的心情，我还能听进去他说的每一句话，真是个奇迹。如今，我正跟格蕾丝讲着约瑟夫的那些观点，好像我真的知道自己在说什么似的！

"我在想，要是我困在评判者大脑中出不来时，这张地图可以很好地提醒我自己身上究竟发生了什么。"格蕾丝说。

她转过身去，在早餐桌旁坐了下来。她一边喝着咖啡吃着吐司，一边认真研究着地图。我仍旧站着，靠在吧台上看着她。过了一会儿，格蕾丝有点害羞地抬起头来。

"也许这能帮到我们……你知道，就是我们之间的关系。"她说，"你觉得呢？"她的声音里没有丝毫责备或评判的意味，我真的很感激这一点。

"约瑟夫说，生活就是这样，当某件事情发生时，就把我们推上了这条路或那条路……"

"但你怎么看，"格蕾丝问，"我是说，你觉得这个能不能帮到我们，就是你和我？"

这一次，我想我在她的声音里觉察到了一丝不满。她真的很想让我告诉她我到底是怎么想的。"正如我所说，"我回答了，"我认为它适用于我们生活的方方面面，我们都可以用上一些更好的工具。"

"什么意思啊，更好的工具？"她问道，听起来是生气了。

我尽量不去看格蕾丝的眼睛。目前为止，我们的谈话进行得还是很顺利的，我可不想破坏这氛围。我已经开始问自己：我刚说了什么蠢话，又把事情搞砸了？还有，她为什么一开始就要提起我们的关系？真不是时候！我开始努力控制我自己。这些简单的小问题又把我径直推上了评判者道路。不过这一次，我预料到了。我把约瑟夫想象成我的教练，在场边不断对我大声喊道："学习者！学习者！记得用选择地图！改变你的提问！你可以扭转局面！"几乎在瞬间，我立刻想到了一个新问题：我怎样才能保持住我和格蕾丝之间的积极关系？

"对不起，"格蕾丝说，"我刚意识到我开始评判你了。"

有那么一会儿，我困惑不解，然后渐渐明白发生了什么，松了一口气。格蕾丝刚才走上了评判者道路，事实上我们都是如此。然后，她停了下来，我也停了下来。太神奇了！我不由自主地笑了。

"你在笑什么？"格蕾丝问。她站起来，把盘子放进水槽里，然后转过身看着我。

"亲爱的，"我说，"你太棒了！"我把她抱在怀里，紧紧地抱着。她僵住了，但很快就放松下来，回抱着我。

"你还记得吗，有一天晚上，我们在都市餐厅吃晚饭，我迟到了？"我问。她靠在我肩膀上点了点头。

"当时为了争是谁搞混了时间，我们真的吵起来了，不是吗？然后你做了一件了不起的事，你突然放下了整个争论，一切都变了，我们又和好了。你记得吗？"

"嗯嗯，我当然记得！"她笑着说，在我的脸颊上亲了一下。

要想好好回忆起那个夜晚，还真是不太容易，但我还是想把自己的观点表达出来。"约瑟夫谈到了从评判者到学习者的转变，讲我们如何用一个问题就可以实现这种转变。"

"就像当时我问自己，我是想吵赢你，还是想让我们之间更亲密，像现在这样？"格蕾丝抽身离开我的怀抱，但双手一直搭在我肩上。

"你就是这样施展魔法的吗？"我问。

"有些啦，"她说着，又靠进我怀里，"但我倒是从来没有从提问的角度考虑过。"

"说真的，"我说，还是想跟她讲清楚我的意思，"我刚刚意识到，对于约瑟夫教我的那些东西，你很有天赋。我敢打赌，你肯定是通过改变你的提问来做到这一点的，只是你没有意识到而已。你直接把自己引导至学习者状态，从而转变了情绪。"

"我喜欢那样的转变！"

"我也是。"我说着，又抱了抱她。我还想知道更多，关于她是怎么实现这些转变的。"你是怎么学会那样做的？"

格蕾丝想了一会儿。突然，她开始面露喜色，好像想起了什么让她高兴的事情。随后她说："记得是八岁还是十岁的时候，我和我最好的朋友大吵了一架，我非常沮丧，非常生气。我妈妈很担心我，她坐在我旁边，给我讲了一个关于两只狼的故事。故事中，一位睿智的老人给他的孙子讲人生道理。老人说，我们每个人心里都住着两只狼。一只狼代表愤怒、嫉妒、贪婪、自私、仇恨、自怜、内疚、怨恨、谎言，你知道，所有这些东西似乎都站在人类悲伤和冲突的中心位置。另一只狼则代表快乐、爱、慷慨和同情，所有与和谐、幸福和和平联系在一起的东西。因此，他的孙子想了一会儿，问'那哪一只狼赢了呢？'。老人回答道，'你喂养的那只'。"

格蕾丝停顿了一会儿，我看得出她当时还在回想她妈妈给她讲故事的那一天。然后她说："看起来，选择地图也在说类似的话。就好比任何时候，我们都可以选择喂养评判者，还是喂养学习者。"

她还没来得及说完，她手机中的闹钟就响了起来。格蕾丝总是会定好闹钟，提醒她出门上班的时间到了。她瞥了一眼手机，查看了一下提醒事项。

"哦，天啊！我差点忘了今天早上还有一个会。本，不好意思，我很想晚点打电话再来继续我们的谈话，但我现在真的要走了。"

下一秒，她就冲上楼去准备了，留下我独自思考着两只狼、选择地图，以及喂养学习者或评判者意味着什么。20分钟后，她吻别了我，飞奔而去。我想再给自己倒一杯咖啡，瞥了一眼冰箱却发现选择地图不见了。格蕾丝带着它去上班了！

后来，我准备开车去办公室，却发现车的雨刷下面夹着一张小纸条，一张格蕾丝匆匆写下的纸条：

> 亲爱的，非常感谢你的选择地图，尤其是今天早上我们之间的畅谈。你不知道这对我有多重要！
>
> 爱你的格蕾丝

我完全没想到格蕾丝会拿走选择地图，但她留的那张纸条让我感觉很棒。显然，她喜欢约瑟夫的想法，否则她不会拿走地图。至少现在我在她那里挽回了些形象。很好！我的生活少了一份压力。

第 6 章

转换问题

> 人所拥有的任何东西，都可以
> 被剥夺，唯独人性最后的自由，也
> 就是在任何境遇中选择自己态度和
> 生活方式的自由，不能被剥夺。
>
> ——维克多·E.弗兰克尔
> （Viktor E. Frankl）

又到了珍珠大厦，走出电梯，我看到约瑟夫正拿着一个红色大喷壶给他的树浇水。这种事我一般都会交给我的下属去做，而约瑟夫竟然亲自上手，我挺吃惊。他转向我，露出友好的笑容。"我喜欢周围有植物。植物每天都在提醒我们，一切有生命的东西，都需要我们去关注。"他说，"每间办公室都应该至少放上一两株植物。我的妻子萨拉（Sarah）是我们家的园丁，她说要成为一名好园丁，就要学会提好问题——你的植物得到了足够的水分和阳光吗？需要修剪一下吗？还需要什么营养吗？她说，植物就靠着这些好问题茁壮成长，人类也一样。"

约瑟夫很快干完了手里的园艺活，我们走了进去。

约瑟夫说："上次谈话的最后，我们讨论到了选择地图，谈到了地图所讲的学习者思维和评判者思维。你后来还有进一步思考这些东西吗？"

我跟他讲到了格蕾丝，讲了我们在厨房的谈话，还有格蕾丝从冰箱上拿走选择地图的事。我甚至想过告诉他那两只狼的故事，但说的还是留有余地，决定还是把注意力放在他的材料上。

"很明显，是走学习者之路，还是走评判者之路，结果大不同，"我欲言又止，"也许我陷入评判者状态太频繁，频繁到我都不愿意承认。"

"幸运的是，一旦你意识到评判者思维控制了你，也就有了一条摆脱评判者的捷径。"约瑟夫指了指地图中间的那条小道，这条小道连接着评判者和学习者两条路，上面立着个指示牌，写着"转换道"（见图6-1）。"这条道是改变的关键。一旦你注意到自己处于评判者状态（评判而非判断），你就可以通过提出转换问题来变身学习者。下面我们来看看具体过程。"

"当你陷入评判者状态的时候，"约瑟夫继续说，"整个世界往往都看起来凄凄惨惨的。尽管这个世界充满了无限的可能性，但当我们用评判者的眼光去看，用评判者的耳朵去听，这些可能性都被我们自己局限了。我和你说说怎么去改变你的观点，如何从不同的角度去看、去听，有时几乎就发生在转念间。现在，你先站在评判者道路上，就在转换道开始的地方。"

我把注意力转向地图，聚焦到评判者路径和转换道的交汇处。

"不管什么时候，你只要踏上这条路，"他指着转换道继续说，"你就自动进入了选择模式。你觉醒了，开始用全新的角度去认识这个世界，完全颠覆了对可能性的看法。你开始观察自己的想法，尤其是那些评判者的想法，这种时候，评判者就会放松对你的控制，你便会获得更多的自由，可以好好想想下一步要做什么。"

图 6-1　转换道

"你说得好像选择就是我们天生拥有的能力。"

"就是这样！我们天生就有这种能力。"约瑟夫感叹道，"人性如此。我们总是可以自由地选择我们的思维方式，但这需要练习，有时还需要勇气。请记住，有能力去做选择，并不意味着我们可以完全达成所期望的结果。你可能知道写《活出生命的意义》（*Man's Search for Meaning*）的维克多·弗兰克尔，他谈到'人性最后的自由——也就是在任何境遇中选择自己态度和生活方式的自由'。"

我在大学里读过弗兰克尔的书，这本书现在还在家里的书架上。我当时没有完全理解这句话，但这句话总在我的脑海里挥之不去，尤其是意识到弗兰克尔写书的时候还被囚禁在纳粹集中营！

"关键是要把这些关于选择自由的见解切实运用起来，而不仅仅是说得好听。"约瑟夫继续说道，"记住，你的身体往往会告诉你，你什么时候进入了评判者状态，也就是说，我们常常会自动做出反应。身体信号非常直接，比如下巴突然收紧，肩膀提到耳朵周围，就如握拳般手指嵌入掌心。或者，你可能会察觉到脸上的一小块肌肉在轻微抽搐。又或者有种感觉，想要跳出来纠正别人说的话。无论什么时候，只要你感觉到自己可能进入评判者状态了，请暂停一下，做个深呼吸。要知道，即便这样一个简单的暂停、一个从容的呼吸，也会给你的身体和大脑带来真实的变化。在这种更放松的状态下，你会变得好奇。你可以问问自己，我正处于评判者状态吗？而且，难办的是，你必须不带评判色彩地问出这个问题！这就是你跳出当前的路径，眼观大局、包容大度的时候。问自己一些学习者问题，从"我正处于评判者状态吗"开始，如果答案是"是的，我正处于评判者状态"，那这就表示，你向转换道踏出了第一步。然后再问自己几个简单问题，比如，我是否愿意保持这种评判者状态？我希望自己是什么状态？这是我想要的感受吗？这是我想做的吗？"

"真有那么容易吗？"我问，仍然有点怀疑。

约瑟夫笑了。"并不总是那么容易，但确实不复杂。转换道能把你带到学习者路径上。我在使用指南里列了一个转换问题清单供你参考，这个问题清单也是提问式思维系统的一个工具。"

约瑟夫若有所思地凝视着窗外。"我给你讲个故事吧，从中就能感受到转换问题是如何深刻改变过程和结果的。这是发生在我女儿凯莉（Kelly）身上的真事。凯莉很热爱体操运动，是个小有成就的体操运动员，她上大学的时候还参加过全国冠军赛的训练呢。

"事情是这样的。训练期间，凯莉大部分时候都表现得很好，但也只是大部分时候。她一失误就会生自己的气。萨拉和我都清楚，她这样下去永远无法入选团队。她有这个能力，但表现太不稳定了，而且她从失误中恢复过来的能力可以说是低于平均标准的。

"后来，在她的要求下，我们和她一起运用提问式思维的方法，帮她看看为了入选团队，要做哪些必要的改进。我们先是问她，每次表演前她都会想些什么。她发觉，在那些关键时刻，她总是只问自己一个基本问题：这次我又会在哪里跌倒？"

"这是个评判者问题。"我注意到了，想着这简直是我要说的话。

"对。"约瑟夫说，"因为这个问题，她的注意力集中到了跌倒和失败上。问这个问题，导致我女儿陷入了所谓的'评判者困境'。这个问题干扰了她的信心，影响了她的表现，而且不利于她从失误中恢复过来。于是，我们三个人一起努力，帮她寻找一个转换问题。这样一来，在她感觉要滑向评判者状态的时候，她就可以问自己这个转换问题，把自己迅速推向学习者状态。新问题是凯莉自己想出来的：我怎样才能表现得很棒？我怎样才能把表演完成得既漂亮又优雅？结果就是这些问题奏效了。凯莉用这些新问题重新调整了自己，把注意力引向了积极的方向。她的表现突飞猛进，而且非常稳定。凯莉自己也说，得益于这些新问题，她专心致志、得心应手。

"她入选了吗？"

"当然。"约瑟夫说，"对了，她还捧回一个奖杯。虽然不是第一名，但她对自己很满意，我们作为父母也很高兴！不过我得坦白，如果换作 20 年前，那个时候的我还没有意识到我们可以选择自己的思维方式，那我很可能就会怪她怎么没得第一名，也就会因此错过孩子的奋斗历程，以及孩子分享的胜利的喜悦，会少了不少乐趣。还有，我和你说啊，有了孩子，我们会学着去问一大堆全新的问题！顺便说一下，你会在我的提问式思维名人堂中找到凯莉的故事。"

"这一切听起来有点神奇啊，"我打趣道，"甚至有点像一个奇迹。"

"嗯，有一段时间我会说这既不神奇，也不是什么奇迹。"约瑟夫笑着回答，"我本来会认为这主要是一种方法。

但这些年的经验告诉我，也许是有点神奇的。就像你说的，偶尔也会有奇迹发生！通过问题，我们甚至可以改变自己的生理状况。比如，'如果我被解雇了怎么办'这个问题，会在你体内引起一连串的生化应激反应。凯莉之前的问题是'这次我会跌倒吗'，这会令她想起过去的失败经历，让她焦虑，影响表演，进而强化了她对失败的旧有认知。当然，她意识中并不想失败，但失败恰恰是脑海中那个老问题导致的结果。学习者问题启动了我们自身的正面动机，就凯莉这件事来说，学习者问题激发了正确的态度、足够的能量、身体的协调，从而让她收获了精彩的表演。"

"言下之意，你是在说评判者不可能表现一流，"我反驳道，"在这一点上我不同意你的说法，我认识的一些评判者类型的人都非常能干。"

"我明白你的意思，但给人贴上评判者类型这样的标签可要小心哦。没有人是纯粹的评判者，也没有人是纯粹的学习者。我用这些术语，仅仅是指思维模式。你现在也知道了，我们每个人都有两种思维模式，而且一直都是如此，这也是身而为人所要面对的难题。贴标签多容易，一贴上就会牢牢黏住，和不干胶邮票一样。给别人贴上标签有不少害处，比如会让他们退缩，不那么投入，甚至可能在不知不觉中与同事、朋友或家人产生隔阂。而且你光是在脑海中给他们贴上评判者的标签，以上情况也会发生，俗话说得好，我们能感受氛围，感受他人所想。另外，我们的思维模式是动态的，每时每刻都可能发生变化。要记住的是，提问式思维能让我们意识到自己当前的思维模式，从而可以让我们更有能力实现自己想要的改变。

"不过，你说得很对，有些人在评判者状态的时间多过了学习者状态。而且他们甚至可能积极进取、相当能干。然而，他们就算成功了，往往也会以意想不到的后果作为高昂代价。这样的人，会把自己逼疯，把周围的人逼疯，疏远他人，或者变得不敢独立思考。最终，降低了效率，削弱了创造力，损害了合作关系，更别提士气了！对于那些大多数时候都处于评判者状态的人，我们很难去信任他们，也很难对他们忠诚。我们可能会担心不跟随他们会有什么后果，但这并不会激发出我们对他们的忠诚。通常情况下，这样会造成分裂，要是在一家大型机构里，很可能会导致原本的高绩效团队频频发生人员流失，代价高昂。

"如果你想让大家全心投入、坚韧乐观，那学习者就是一条必经之路。管理者要是处于高度评判状态，那整个组织往往会存在更大压力、更多冲突，员工出现职场倦怠，人事问题只多不少。这类管理者在面对挑战的时候不够灵活，缺乏适应力，也就是说，无法克服挑战。想象一下，晚上你下了班，带着评判者状态回到家里，这种评判者状态会给家庭生活造成多大的破坏啊！

"我的妻子萨拉写过一篇文章，探讨了高度评判者婚姻和高度学习者婚姻之间的区别。她的前提是，我们是用学习者的眼光还是评判者的眼光来看待我们的伴侣，将导致我们对亲密关系的体验完全不同。萨拉指出，用学习者的眼光，至少在大多数时候，我们都能够专注于我们欣赏对方的地方，以及专注于辅助巩固双方关系的地方。我们着眼于彼此的优点，而不是纠结于双方的缺点。"

我点了点头，心想萨拉的说法确实很有道理。

"无论是在家还是在公司，只要处在评判者状态，每一个不同的意见看起来都是不可逾越的障碍。我们会轻易认为只有三种选择：争吵、逃避、僵化。又或者，你不想招惹是非，自顾自躲了起来。但其实还有另一种选择。我们可以回到基本的转换问题上，比如，评判者状态可以让我得到真正想要的东西吗？我希望自己处于什么状态？这种情况下我该怎么负起责任来？暂停一下，做个深呼吸，踏上转换道，你就可以直接步入学习者之路了。"

"如果你说的是真的，那我只要牢记这些问题，就可以一直保持学习者状态了。"

"理论上讲是这样。但是，生活并没那么简单。而且我们谁都不是圣人，都会时不时地陷入评判者状态，这也就是为什么我说我们都是正在恢复的评判者。"约瑟夫继续说，"我向你保证，你越是把选择地图和转换问题放在心上，你就能越快、越容易地进入学习者状态，并且状态还能保持得越久。相应地，你处于评判者状态的时间就会减少，评判的意识也不会那么强烈，因而评判者状态给你造成的不良影响会降到最低。"

"记住，"约瑟夫接着说道，"评判者有两副面孔，一面评判自己，一面评判他人。结果可能看起来很不一样，但两面都是源自我们脑海里评头论足的那些声音。

"如果我们把评判者思维用在自己身上，比如问一些诸如'我怎么这么失败'这样的问题，就会挫伤我们的自信心，让我们沮丧不已。而如果我们把评判者思维用在别人身上，比如问一些诸如'为什么周围每个人都这么笨，这么令人恼火'这样的问题，就会容易生气、怨恨、怀有敌意。无论哪一种，评判者的结果通常就是我们与自己或他人发生冲突，不可能建立联系，找到解决方案，内心无法平静。正因如此，许多调解专家也在给客户使用有关学习者／评判者思维的材料，特别是选择地图。发生冲突时，我们会有一种强烈的、想去评判他人的倾向。调解专家知晓，解决这种冲突的唯一途径就是平静下来，让对话有效。而要做到这一点，最快的方法就是采用学习者思维，实现有效对话。

"关于把评判者思维用在自己身上，我给你举个例子吧。几年前，萨拉与她的杂志编辑露丝（Ruth）有过一次聊天，当时她给那家杂志撰稿。她俩聊到了各自在管理体重方面遇到的问题。萨拉告诉露丝，她是怎么借助选择地图来平静心情、包容自我，以及好好选择饮食的。露丝听了非常兴奋，她请萨拉把自己的经历写成一篇文章。

"萨拉写下了这篇文章，列举了一些人们在饮食方面通常会自问的问题，有些问题会让人们在体重、形象、自信方面陷入麻烦，有些则会帮助人们成功并怡然自乐。制造麻烦的问题包括，我怎么了？我怎么又失控了？我怎么这样贪吃，简直无可救药？"

"那些都是评判者问题。"我插了一句说。

"没错。萨拉只要带着这类问题走上评判者道路，就会深深自责，然后加速掉入评判者泥潭。不幸的是，这种评判者式崩溃往往又会让她失控，反而让她吃得更多，有时甚至暴饮暴食。后来萨拉意识到了这些评判者问题给她制造的麻烦，决定找出转换问题，拯救自己。她发现，在重新实现自控方面，转换问题是最好的办法，可以让自己感觉良好。她的新问题包括：我身上到底发生了什么？我想要怎样的感觉？我愿意接受自己吗？我愿意原谅自己吗？"

"这些问题把她带上了转换道，真是回归学习者的捷径啊。"我说。

"你又说对了。转换到学习者状态后，她又想出了一些问题，帮助自己保持学习者状态，不至于又变回评判者。这些问题包括，现在什么对我最有利？我对自己诚实吗？我真正需要什么？除了吃东西，我还能做什么让自己感觉好起来？问出这些问题的时候，她都感到自己有了力量，不再失控了。不仅如此，她现在身材也很好。现在对她来说，保持身材真是易如反掌。"

约瑟夫桌上就有一张萨拉的照片，她看着绝对不像会有体重问题的人。唉，谈了这么多，我也越来越不安地意识到，我曾经那么频繁问自己的问题，常常都直接出于评判者思维。

"据我所知，"约瑟夫说，语气出人意料的平静，"你虽然没有体重方面的问题，但对自己还是有很多评判的。"

"我完全同意，"我闪烁其词，"不过，你这么说的依据是什么呢？"

"很简单，"约瑟夫说，"你还记得上回吗？你很确定我认为你是个评判者，是个失败者。"

"我记得。"我说得很犹豫，感觉要说的这个话题会让我后悔。

"就是这种看法让你陷入困境，误认为自己改变不了。而且，你在评判自己的同时，"约瑟夫直视着我说，"你也非常容易把矛头对准别人。"

"我承认我对自己、对别人都很严格。"我开始局促不安，"但有时候，那些人真的太蠢了，我很肯定。你必须接受这样一个事实，然后运用常识去处理，或者就像你说的，做出合理判断。"

约瑟夫不置可否，把我的注意力又引回到选择地图上。我把地图拿在手里，他向前探过身来，指着那个刚刚走上评判者道路的人，然后又指了指那个人头上的思维泡泡。泡泡里只有一个问题，我大声读出来：这是谁的错呢？

读的时候，我脑海里顿时浮现出工作中遇到的种种麻烦，最后聚焦在那个我承认失败、决心辞职的残酷转折时刻。当时我觉得这是奇耻大辱，难道这也与评判者有关？那一刻，我肯定是用评判者头脑，宣判自己是个失败者。但是，事实不就是这样吗？我不能否认，我确实搞砸了。

"你现在脑子里在想什么？"

我不安地回答道："聊得越多，我就越觉得很多事情过错都在我。"

"过错，"约瑟夫说，"这个词对你意味着什么？"

"最起码，这意味着我应该辞职。我无能，不管内心多么渴望，我永远都当不好一个领导。到此为止！没什么可说的了。"

"坚持住，本。先退一步，让我们看看，如果把你问的'该责怪谁'换成'我应该对什么负责'会发生什么。"

约瑟夫是对的，这些问题确实对我产生了不同的影响，但我搞不清楚为什么。"责怪，责任，这两个不是同一件事吗？"

"完全不同，"约瑟夫说，"责怪是评判者，责任是学习者，两者存在天壤之别。执着于责怪，只会让我们看不到真正的解决方案。从评判者思维的责怪出发，几乎不可能解决一个问题。责怪让人麻痹，把我们滞留在过去。相反，责任则为更美好的未来铺平了道路。把提问聚焦在你可能要负责的事情上，你就有了向着新的可能性开阔思维的力量。你可以自由地设计出各种可能的方案，触发积极正向的改变。"

> 责怪把我们滞留在过去。责任则为更美好的
> 未来铺平了道路。

责怪让人麻痹？他这话是什么意思？我突然有种冲动，想站起来，伸个懒腰，四处走走。我休息了一下，去了洗手间，往脸上泼了些冷水。我回来后，约瑟夫说："那天你怎么说查尔斯的，再和我说说吧。"

啊，又说回查尔斯？这下我感到很踏实了，在查尔斯的事情上，很容易向约瑟夫证明我的准确判断力，以及我对查尔斯的感觉并非仅出自评判者态度。"我之前和你说，如果不是因为查尔斯，我不会那么狼狈。"我说，"显而易见，他在玩输赢游戏，瞎了眼才看不出来。"

约瑟夫没有回答，他让我翻开使用指南，找到学习者 / 评判者思维、评判者 / 学习者关联内容（见表 6-1 和表 6-2）这两张表。我仔细看了会儿，认真研究着表中两列的内容，

上面列出了学习者和评判者的主要特点。两列的内容非常不同，我看了立刻意识到，其中一种思维模式是怎么把我带上评判者道路的，而另一种思维模式又是怎么把我引向学习者领地的。

表 6-1　学习者 / 评判者思维

评判者思维	学习者思维
评判（对自己 / 他人 / 事实）	接纳（对自己 / 他人 / 事实）
反应式、自发式	回应式、深思熟虑
批评的、负面的	欣赏的、谦逊的
心态狭隘	心态开放
自以为无所不知，自以为是	坦然面对未知
以责怪为导向	以责任为导向
只关注自己的观点	多角度看待问题
不灵活、刻板	灵活 / 容易适应 / 有创意
非此即彼的思维	兼而有之的思维
捍卫假设	质疑假设
错误是不好的	从错误中吸取教训
假定资源有限	假定资源充足
可能性有限	可能性无限
主要立场：保护和恐惧	主要立场：好奇和开放

注：以上两种思维模式都是正常的，我们每个人都有这两种思维，而且总是如此。只有充分认识这两种思维，我们才能随时从中进行选择。

表 6-2　评判者 / 学习者关联内容

评判者相关	学习者相关
输赢关系	双赢关系

（续）

评判者相关	学习者相关
蔑视、贬低	接纳、共情
辩护	探询
与自己或他人分离	与自己或他人建立联系
害怕差异	重视差异
认为反馈是拒绝	认为反馈有价值
谈话：个人议程	谈话：合作
认为冲突具有毁灭性	认为冲突具有建设性
听到的是： • 同意或反对 • 自己和（或）他人有问题的地方 • 危险	听到的是： • 理解和事实 • 自己和（或）他人有价值的地方 • 可能性
攻击或防卫	欣赏/解决/创新
聚焦问题	聚焦办法

注：以上两种思维模式都是正常的；我们每个人都有这两种思维，而且总是如此。只有充分认识这两种思维，我们才能随时从中进行选择。

　　"这两张表可以指导我们更好地观察自己。"约瑟夫说，"表中列出了学习者和判断者的特征，帮助我们随时辨认所处位置，其价值在于帮助我们强化观察者分身，从评判者转换为学习者。现在我们就用它来做一些探索吧，想一想查尔斯，把那些抓你眼球的词或短语都读出来。"

　　我认真研究了这些内容。"反应式、自发式""自以为无所不知""听到的是同意或反对""自以为是"……我停下来了，意识到刚才读到的所有东西都在评判者那一列，我的下巴开始收紧。然后，我转向学习者那一列，只有一个词组引起了我的注意：坦然面对未知。我困惑不解。

"我不确定你说的'坦然面对未知'是什么意思。"我说。

"这就像做研究一样，"约瑟夫解释道，"你想要有新发现，但若执着于相信自己已经知道了所有答案，那就不可能有新发现了。重视未知是学习的基础，也是创造与创新的基础。这是一种心态，在这种心态之下，你会对各种新的可能性都持开放态度，甚至期望意外惊喜。你的目的不是捍卫旧的观点、立场或答案，而是用全新眼光看世界。记住爱因斯坦的话，'借鉴昨天，活在今天，憧憬明天。最重要的是永远不要停止发问'。我认为这是'理性的谦逊'，要承认我们永远不可能知晓所有答案，只有这样，我们才能培养出一种成熟的心态。"

理性的谦逊！我喜欢这个。我当年做技术研究的时候就是这种感觉。但除此之外，我都觉得自己简直身处异国他乡，特别是在人际关系方面。

突然间，我混乱了。属于反应式、自发式的，是查尔斯还是我？自以为无所不知的，是查尔斯还是我？是谁听到的只有同意或者反对？是谁在自以为是？谁才是那个大评判家？

我还没来得及从一片混乱中理出头绪，约瑟夫又给我抛来了一个新问题："你在评判者泥潭中待了那么久，你觉得自己付出了什么代价？"

"我付出的代价？"我小声地说，看看约瑟夫，然后又看看地板。他的问题好似晴天霹雳，击中了我。"对于我的评判者习气给公司造成的损失，我现在甚至想都不愿想。首先，我的薪水很不错，但对照我的工作成果，这些钱简直就像扔进了无底洞。除此以外，我开始怀疑自己人为制造了一个只输无赢的处境，击溃了整个团队的士气。我害怕和这些人开会。而且，这种情况还蔓延到与我们合作的其他部门……唉，这样的局面可不太妙啊！"

约瑟夫一直在点头，显然对我说的这些感到很满意。"这才是真正的进步，"他告诉我，"你做得很好，本。"

"你在说什么呢？这简直是一场灾难。你给我一根救命稻草吧，行吗？我怎么才能从这场灾难中脱身啊？"

"我可以把你拽出来，"约瑟夫说，"但我打算给你一些更有价值的东西——一些让你自己走出来的工具。我崇尚'授人以渔'的哲学。现在，我想让你回想一下你在工作中处于学习者状态的某个场景。明白了吗？尽可能生动地回忆一下那段经历，如果你记不起来，可以看看表中学习者那列。"

我立刻就想起了我在 KB 公司的好时光，一切都是那么顺风顺水，我每天早上醒来都盼着去上班。我的工作效率很高，其他人也是如此，我们工作起来都非常投入。大家甚至还说很喜欢跟我共事，不过事实是，我大部分时间都是独自一人工作。回想起来，我自己都能感觉到自己在微笑。我那时的工作状态与现在经历的这场噩梦简直是天壤之别。

"我只是在想，"我说，"在 KB 公司，我跟人打交道不多，除非是对其他人的技术问题提出创新答案。在这种情况下，保持学习者状态并不是很难。"

"我明白你的意思，"约瑟夫说，"将这些同样的原则应用到你现在的领导角色上可能是个挑战。人不是机器。"

"我妻子也一直这么跟我说。"我说。

我们都笑了起来。

那么，让我看看我理解得对不对。"约瑟夫说，"面对技术问题，你学习者的好奇心很自然、很容易就出现了，你很擅长这个。你提出一些特定的问题，帮助你走出自我，进行客观观察，检验自己的假设，并评估正在发生的事情。在这种情况下，你明白无论你想到什么都没有好坏之分，那只是信息而已。托马斯·爱迪生的故事家喻户晓，他告诉人们，他是如何经历了数千次失败才成功发明了电灯泡，而每一次的失败又是如何促成了最终的成功方案。

"我现在给你的这些新工具，可以充分利用你已知的做法。当你认出评判者之后，将其与学习者区分开来，并随时切换到学习者，这就是自我教练。如此一来，你就开始掌控自己的生活了，不管是在工作中，还是在家庭中。"

突然间，我恍然大悟。约瑟夫说话的时候，我把注意力转向选择地图，聚焦在转换道。"转换使改变成为可能，"我感叹道，"转换就是行动所在！"

转换使改变成为可能，转换就是行动所在！

约瑟夫重重地点点头，赞叹道："是的！你说对了！转换能力让你能够实现改变。对于每个人而言，为自己做得最有力、最勇敢的事情，就是能够不加评判地观察你内心的评判者，然后提出一个转换问题。这是改变的操作核心，也就是许多人所说的自我管理或自我调节。将转换的意愿和转换的能力结合起来，不仅会带来改变，还会使我们能够持续改变，因为我们每时每刻都在观察，都在问自己学习者问题。"

约瑟夫的热情很有感染力。

"让我先来看看，"我有点紧张，担心可能把自己的想法强加于此，"你刚刚提到，那些重要而敏感的问题，曾经通常会引发我们战斗或逃跑的下意识反应，但其实可以用不同的方式来理解，我们可以学着将其解读为我们处于评判者的信号。这种能力让我们有机会找到转换问题，从而走上学习者道路。"

"没错，"约瑟夫说，"正是如此！"

我渴望了解更多，尤其是关于改变和持续改变的部分，以及这如何改善我的工作成果。但我瞥了一眼时间，发现今天的会面快要结束了。

第 7 章

转换策略：身和心

对你自己的信念和判断负责，
使你有能力改变它们。

——拜伦·凯蒂（Byron Katie）

我正要离开办公室去见约瑟夫，走在走廊的时候差点撞上查尔斯。事情发生得太快了，让我措手不及。他拿着一大摞文件冲出办公室，看上去又烦躁又恼火。我勉为其难，冷淡咕哝了一句"早安"，以示友好，但他没有回应我的问候，而是当着我的面挥了挥手里的那摞文件。

"今天这个美好的早晨，被这些放在我桌子上的东西给毁了！"他说着转身就走，留下我一个人站在那儿说不出话来。

肾上腺素刺激着身体和大脑，我的怒火开始慢慢烧起来。与查尔斯险些相撞，加上他的粗鲁行为，勾起了我与他之间的所有问题。我的肩膀绷紧了，肚子开始不舒服，手指握成拳头，紧紧握着！停住，我告诉自己。虽然我们差点撞到一起，吓一跳，很恼火，但有必要做出这种反应吗？如果约瑟夫是对的，那我感到的所有这些不适和压力，都是我进入评判者状态的征兆。

老实说，我对自己非常失望。我以为我已经做得很好了，能够识别出自己何时滑向评判者，并提出各种好问题，把自己引向转换道。但现在，我的身体和大脑的每一个细胞都充斥着评判者的感觉，我的心怦怦直跳，每一次呼吸都感觉很费力。在那一刻，就连找到转换道的可能性都和登上珠穆朗玛峰一样渺茫。我内心的评判者对着我大喊大叫，说着所有感受都是真实合理的，而有时你必须面对这个事实。不管你喜不喜欢，在查尔斯的事上，必须得做点什么。

到达约瑟夫办公室大楼的时候，我的脖子抽着筋，感觉就像插入了一根钢筋，就因为刚刚走廊上的差点相撞，也因为我和查尔斯的每一次针锋相对。我的思绪每分钟都在飞速运转，我甚至纠结于我该说的话，内心演练着我们之间的谈话，希望一劳永逸地把事情说清楚。我想传达的信息很明确：这个人必须离开。我要跟约瑟夫谈这件事吗？

我站在楼下，拉开大门的瞬间真想转身回家，重新开始这一天。我是不是把这次和查尔斯的相遇看得太重了？我不这么认为。但如果这是真的，为什么我觉得我让约瑟夫失望了，在他花了那么多时间指导我之后，我却没能把事情处理好？照这样下去，我肯定不会成为他的明星学生，真担心自己会成为他最大的难堪！

终于到他的办公室了，约瑟夫站在门厅里，好像一直在等我。"你怎么了？"他问，向后退了一步，"你看起来像是要揍人一样。"

我耸了耸肩，让他看到我现在这副沉溺于评判者泥潭而不能自拔的模样，我感到很尴尬。我揉揉脖子，想缓解下自己紧张的情绪。"我很好，"我说，"我只是刚才不幸地撞到了查尔斯。本来以为我和他的关系有了一些进展，但现在看来，我觉得自己注定失败。"

约瑟夫挑了挑眉毛，好像有点担心似的。"但愿没有骨折，"他笑着说，"没有流血？"

"不是那样的。"我说。

他示意我跟着他走进他的办公室。

"也许我应该在我们谈话之前放松一下。"我们准备坐下时我说。

"我有个主意，"他说，"保持住你现在的感觉。这可能是个机会，让你好好看看，当评判者思维占据主导地位时，你的身体和大脑会发生什么。了解我们的内心活动，可以让我们在转换道上抢占先机。"

我觉得自己就像车灯前的小鹿⊖，不知道要去向哪里。如何面对查尔斯是我的责任，不是他的。难道不是吗？难道不是由我来决定评判者什么时候出现吗？约瑟夫沉默着，等着我的下一步行动。几秒钟后，我耸了耸肩。他那自信的举止告诉我，也许值得跟随他的步伐。

"我希望这不是那种感情用事。"我半开玩笑地说。

他笑了笑。"就当是个人研究吧，"他说，"事实上，其中涉及一些科学知识。你先描述下你的情况吧，不要想太多。"

"这很简单。我觉得自己有点傻，"我脱口而出，"因为

⊖ 如果黑夜里一头小鹿在路边看见一辆开着前大灯的汽车驶来时，会惊慌失措地在原地一动不动。"车灯前的小鹿"指的是一种焦虑、害怕、紧张的心情。——译者注

陷在评判者泥潭里而感到愤怒和尴尬。我得和查尔斯摊牌，消除误会。但以我目前的精神状态……好吧，我内心的评判者很可能会把这一切弄得一团糟。"

"还记得我们讨论过评判者的两副面孔吗？"他说。

我过了一会儿才想起来。"是的。有对我们自己的评判，也有对别人的评判。"

约瑟夫点点头。"而你同时有了这两副面孔。"他脸上出现了一种表情，仿佛头脑灵机一动，"我刚想起一件事。"他走到办公桌前，拉开一个抽屉，手伸进去拿出来一张空白的名片，然后走回到我身边。我很好奇，接过名片，翻了翻。名片背面用粗体字写着："不要相信你所想的一切！"

我大声读出来，然后又停顿下来。"不要相信我所想的一切？如果我不相信我所想的一切，我还能相信什么，或者相信谁呢？"

"继续问自己这样的问题，记得要经常改变你的问题！"

"等等，"我说，"我能行。我记得上次见面你说的话，你说，不要问自己为什么这么失败，或者是谁的错，而是问自己要对什么负责？"

"开局不错！"约瑟夫说。过了一分钟左右，他问："你现在感觉怎么样？"

我知道他指的是我一脸惊讶的表情。"一分钟前，那条转换道还无影无踪，"我说，"但现在转换道就在我面前，一息之间。"

"不错，"约瑟夫说，"马上走上那条路。现在告诉我，你是不是感觉到身体有了什么变化？"

"我的身体？我的身体与这个有什么关系？"约瑟夫沉默着，等着我的回答。

"哦，我明白了，"我回答道，"或者我应该说我感觉上有了什么变化？"这一点毋庸置疑。我的脖子不再像插着一根钢筋，背部更放松了，腹部痉挛也逐渐消失了。我整个人正在放松下来。"一个简单的问题怎么能改变这一切？坦率地说，身体告诉我的这些，我不确定我是否相信。"

"你现在对查尔斯是什么看法？有什么变化吗？"

"查尔斯！你一定要提醒我他的事吗？还有，你不是答应教我点科学知识的吗？"

约瑟夫笑了："好吧，这就是你要的科学知识。我们稍后再说查尔斯的事。首先，你已经经历了科学这门课中最重要的部分。"

"我经历什么了？什么时候啊？"

约瑟夫似乎在认真考虑怎么回答。然后他说："你和查尔斯在走廊上差点相撞的时候，你就经历了。"

"但一切都发生得太快了……"我认为这没有任何科学依据，但还没说完就住口了。我只记得自己被吓了一跳，差点对查尔斯发火。

约瑟夫从口袋里掏出了一个遥控笔，点击打开了房间另一头的显示器。突然间，我们看到了一个人类大脑的剖面图。他将激光笔对准了大脑中心附近的两个杏仁大小的轮廓。

"行，"约瑟夫说，"下面就是你的科学课。这两个小小的神经元就是杏仁核，它们掌管着身体和大脑的秘密，在我们感知到威胁时，杏仁核知道我们的身体和大脑究竟会发生什么。威胁可以是任何事情，比如险些出交通事故，比如临近截止日期而备感压力，又比如与重要的人起争执。"

"或者就像那个谁一样，差点把我撞倒？"

"那也是。"约瑟夫点点头说。他用老师的口吻继续他的课程。"脑科学家告诉我们，杏仁核是我们的第一道防线，提醒我们注意危险。没有杏仁核，我们不会有今天。"

"我记得这些生物学知识，"我说，"杏仁核是触发我们基本生存机制的警报系统。战斗或逃跑，对吗？"

约瑟夫点了点头："是这样，但我还是想详细说明一下。面对危险，我们的第一反应可能是躲起来。如果失败了，我们最好准备好为生存而战斗或逃跑。做不到这一点，我们很可能会愣在原地一动不动，任人宰割。但从神经科学的角度来看，情况要比这复杂得多，小小的杏仁核与我们身体和大脑的许多系统相互作用。"

"比如告诉我们的腿开始跑，或者叫我们的拳头挥动起来。"

"在那之前，还有很多事情发生。"约瑟夫说，"让我们倒回一点，回到杏仁核第一次接收感官信号的那一纳秒——巨大的噪声、难闻的气味、树枝折断的声音……"

"或者有人从门口冲出来。"

约瑟夫咯咯地笑了。"那也是，"他说，"这就是事情开始变得复杂的地方，一切都以光速发生。我们认为杏仁核会处理各种信息，来自感官的信息，对过去情感或身体创伤的记忆，甚至是关于大肌肉准备发起身体防御的信息。杏仁核还会在我们的大脑和身体中产生生化物质，从而改变心率、血流量、肾上腺功能、警觉性和攻击性等方面，甚至会使我们的感官变得敏锐起来。就在这时，我们的大脑开始解释所有这些信息并做出反应。我们尽最大努力去弄清楚正在发生的事情，然后决定要做什么，不管是好是坏。以上所有都发生在以纳秒计算的时间内。我们的大脑收集信息、解释信息，弄清楚含义，把一切拼完整，再来指导行动。

"坎迪斯·珀特（Candace Pert）博士是我很欣赏的一位科学家，她是这样说的，'当信息进入我们的高阶大脑时，我们都会编造故事来描述所谓的现实。当然，对于正在发生的事情，我们都有自己的版本'。"

"就这样？我们创作故事？"

"请记住，我们的大脑会组织和指导我们生活中的所有行动。"约瑟夫停下来想了想，"我和你分享个故事吧。我年少的时候算是个胆小的孩子吧，我的叔叔给我介绍了武术，他觉得学几招空手道就能让我坚强地面对世界。我也确实学了一些招式，但我并未因此减少恐惧。武术帮助我更充分地认识我的恐惧，甚至与恐惧交朋友。在这样做的过程中，我学会面对曾经所以为的威胁，能够更好地选择我的反应，而不再局限于下意识的反应。"

"很难想象你曾经是个胆小的小孩。"我说。

"哦，是的，这是真的。每次我感到有威胁就会愣住，或试图逃跑。然而，如果我们的主要反应是发愣、逃跑，或者战斗，那么我们在生活中永远走不了多远。我想，提问式思维就是在那个夏天的空手道道场里诞生的。正是在那里，我发现了选择。我学会了问自己，我是在关注没有用的东西，还是在寻找有用的东西？就提问式思维而言，你可以说这是我有意从评判者转向学习者的第一步。每当我踏上这段旅程开始认真观察时，我就给了大脑改变的机会，我也因此可以做出新的选择。再次引用我们的朋友珀特博士的话，我们都有'要么责怪他人，要么为自己的行为负责的能力'。这就是选择地图的用武之地，它教我们怎么去编故事，怎么告诉自己发生了什么。"

"你是想告诉我如何获得提问式思维的'黑带'吗?"我建议道。

"这是一种说法，"约瑟夫说，"脑科学家谈论的是神经可塑性，也就是说，大脑创造新的神经通路的潜力，从而以新的方式与世界互动，其中包括与杏仁核有关的通路。这就是秘密所在，关于如何改变我们遇到危险时的反应。回到你和查尔斯的话题，我向你保证，你对他的感觉是真实的，但你面临的考验在于你如何解释这些感觉，以及你对此又会提出什么问题。你俩那次相遇的故事从何而来，又将带你走向何方？记住，就你俩走廊那次险些相撞来说，你的反应是由你的杏仁核触发的，杏仁核激活了你过去创造的记忆和故事。如果过去这些故事中有恐惧的成分，那你可以确定你的下意识反应就是消极的偏见，也就是说直接把你扔到了评判者那里。"

我想了一会儿："如果你说的是真的，那我不只是被评判者劫持了，还被我的杏仁核劫持了！"

约瑟夫听到这里差点笑出声来。但我是认真的，我真的觉得自己被伏击了，来自我自己身体和大脑的伏击。想到我可能无法控制自己的反应，我感到非常不安。或者，我本来就是这样的？

"我就像被拴在绳子上的木偶，"我说，感到很沮丧，"而我的杏仁核是木偶主人。"

"有时似乎是这样，"约瑟夫安慰地说道，"但这就是你大脑中实际发生的情况。几乎在大脑受到刺激的一纳秒内，你的杏仁核就访问了你对过去经历的记忆，记忆中的你那时感到害怕或处于危险之中。那时的你真的受到了伤害，或者目睹了身边的人受伤。当我们感觉到危险时，我们就会获取这些信息。你无法抹去这些记忆，但你可以向你的杏仁核提供新的信息，从而以更适当、更有效的方式做出反应，将旧记忆的影响降到最低。"

"我们该怎么做呢？挥一挥魔法棒？"

"那不是很好吗？但不是的。为了你的新信息，以及接下来的新策略，你首先要做的，就是学习新方法去解读杏仁核的早期信号。"

"那我得做个算命先生，才能预知未来。"

"其实比这简单多了，"约瑟夫说，"你需要的第一个信息就在你的身体里，你能感觉到。还记得我们这次会面开始的时候你的感受吗，你的研究告诉了你什么？"

"你是说，比如感觉心跳加快，呼吸困难，身体不同部位的肌肉绷紧……手指握成拳头。"

"没错。如果你想到什么说什么，你就会脱口而出一些你后来会后悔的话。"

"到那时就太晚了。"

"对，"约瑟夫说，"身体的第一感觉会推着你采取行动，但随着经历越来越多，你将学会如何尽早尽快地控制自己。许多知名作家，包括维克多·弗兰克尔、罗洛·梅（Rollo May）和史蒂芬·柯维（Stephen Covey），都谈到了我们有能力意识到刺激和反应之间的差距。也就是说，在发生的事情和你对此所做的行为之间存在差距。正是在这个差距里存在一个内在空间，我们从中找到了最大的自由，即我们选择的自由，正如罗洛·梅所说，'建设性地利用这个差距'。但是我们要怎么做到这一点呢？"

"你是说提问式思维……选择地图……"我一时语塞，没能把刚想说的话说完。约瑟夫帮我把话补完整。

"通过使用这些我称之为提问式思维的工具，"他说，"我们可以为我们的杏仁核提供新的信息，重新解读所受的刺激，提出新的问题，打开我们的思维，跳出逃跑、战斗或躲藏的选择。"

"或者发愣。"我补充道。

约瑟夫点点头。"在我们生活的世界里，很多因素经常会限制我们利用上述空间，也就是刺激和反应之间的那个重要差距。神经科学将杏仁核置于显微镜下并揭示其内部工作原理，使得我们更容易在脑海中占据这一重要空间。在这个空间里，我们可以停下来，退后一步，提出不同的问题，创作不同的故事，用不同的方式来解释我们刚刚经历的事情。整个过程当中，我们可以选择下一步要做什么。"

"听着有点像我们知道了可以把船开到地平线以外。"我说。

"你说什么？"约瑟夫问，他被我的话弄糊涂了。

"你知道的，"我说，"我们首先要确信地球不是平的。"

"很有意思，"约瑟夫说着，摇了摇头，脸上露出灿烂的笑容，"但这是比喻不错。人类最初以为地球是平的，到达了地平线，就会驶离地球的边缘。但是水手们有了新的经历，由此创造了有关地球形状的新故事。反过来，这又给了我们一个充满选择和机会的全新的世界。"

我必须集中思想，努力理解约瑟夫所说的一切。谢天谢地，在这个时候我的手机响了。我不由自主地把手伸进口袋，想把手机掏出来。这是一个休息的好借口，我瞥了一眼约瑟夫。"我还是接下这个电话吧。"

他点了点头："没关系，你接完电话，我们再继续。"

看到约瑟夫起身离开房间，我松了一口气，终于有了一些私人空间。我看了一下手机上的来电显示，原本希望是格蕾丝，但不是，是查尔斯！我现在最不想理的人就是他。但我还是按下了绿色的电话图标，说了声"你好"。

"嘿，本。"查尔斯说。出乎意料，他的声音听着轻松愉快。"我只是想看看你好不好。对不起，今天早上我太鲁莽了，你一定以为我失去理智了。说实话，我差点就这样了。有个工作订单出现了严重的错乱，对我们来说可谓一场灾难。但现在，我可以很高兴地说，问题已经解决了，我会在今天下午的会议上详细说明。"

一时间，我说不出话来。查尔斯在道歉！我没听错吧？

"嗯，好的，待会儿再说吧，查尔斯。我现在比较忙。"

"那好吧，"查尔斯说，"抱歉打扰了。"

"没事，"我说，"很高兴你打电话来。"

我过了一会儿才从查尔斯的突然来电中回过神来。我俩差点相撞后，我对自己内心感受和行为的理解正确吗？我开始质疑起来。

我围绕差点在走廊相撞的经历创造出的故事与我现在看到的完全不同。我不寒而栗地想到，如果我把我的第一个故事当作绝对事实，按此行事的话，那会发生什么。

约瑟夫回来后，我有点不愿意告诉他刚刚发生的事情，但我还是决定告诉他，我很好奇他对此事的看法。

"说起来有点尴尬，"我说，"我不能否认，今天早上和查尔斯之间发生这个小状况的时候，我脑子里瞬间就往最坏的方向去想，也就是你说的杏仁核的消极偏见，然后我创造了一个故事，如果我照此行事，结局可能极度糟糕。突然间，我看到了非常不同的可能性。"

"恭喜你，"约瑟夫说，"这种消极的偏见，以及围绕偏见创造的故事，就是你通往评判者的捷径，这一点很好理解。不要为此感到尴尬，祝贺你认出了评判者，认识到了自己创造的故事，并踏上了转换道。"他停顿了一下，然后微笑着补充说："幸亏你很明智，没对查尔斯的脸做什么。"

我差点从座位上跳起来："我希望你不要认为……"

"你有能力采取暴力或非建设性行动吗？你的这种能力不比其他人多，也不比其他人少。但我想问你，如果你和查尔斯再次相遇，你能停下来找到弗兰克尔所说的那个空间吗？你能认出评判者，然后转换为学习者吗？"

我点了点头："我很确定我可以，你设计的方法真的很有帮助。现在，你的那张选择地图已经清晰地印在我的脑子里了，我可以很容易地在脑海里遵循这个过程。"

"只要你能够认清你向自己提出的问题，认清你说的那套故事，你就有机会去改变问题、改变故事。通过提供新的信息，你可以就自己周围发生的事情讲述一个更准确的故事，从而顺利从评判者转换为学习者。生而为人，这是你在效率方面的一个领先优势。"约瑟夫说，"神经科学为我们所有人打开了一个充满新鲜可能性的世界。"

"所以，如果我的大脑能按你说的做的话，转换道就近在咫尺了。对于我自身内置的转换策略，我有能力去强化和扩展。"

约瑟夫停顿了一下，然后咧嘴一笑，说："本，我想你是对的。这是个很好的说法。"

这感觉真的很好，我小心地问道："这是不是说，即使一开始看起来不可能，也总有改变的希望？"

他的点头和微笑说明了一切。

"选择地图使我们能够认识到我们的故事是什么样的，

并就故事的含义和影响培养我们的批判性思维。珀特称以上这种能力为选择性注意力，一种有意识地转移注意力的能力。如果我们把注意力集中在学习者身上，我们可以发现新的可能性；如果我们把注意力集中在评判者身上，我们肯定就会遇到冲突。"

"还有，对新的可能性关上大门。"我补充说。

"对，"约瑟夫说，"通常情况下，在评判者状态下，我们问自己的问题和给自己讲的故事都被指责和其他糟糕的情况所包裹，阻碍了任何改变的可能性。"

我们都沉默了好一会儿，我满脑子都在想我们谈话的含义。

"我不得不再补充一点。"约瑟夫说。他指了指挂在墙上的东西，乍一看像是一封装裱好的信。他走过去读给我听。"这是坎迪斯·珀特的另一句话，"他说，"'如果我们如此强大，我也想知道我们要为人类生存，为这个在太空中飞驰的有 60 亿人的星球创造什么？这确实是下一个需要思考的问题'。"

第 8 章

用新眼睛去看，用新耳朵去听

真正的倾听并不容易。我们是听到了那些话语，但很少真正慢下来去倾听，竖起我们的耳朵，去倾听其中的情绪、恐惧和潜藏的担忧。

——凯文·卡什曼（Kevin Cashman）

我们再次会面，以一个问题开始了交谈。说真的，自我开始见约瑟夫以来，这个问题就一直困扰着我。"也许这只是我一厢情愿，"我说，"但考虑到评判者给我们造成这么多麻烦……"

约瑟夫抬起手，示意我停下来，回复道："记住，我们谁都无法避免时不时地陷入评判者状态，人性如此。正如我们所讨论的，我们与人性的斗争部分来自我们的杏仁核。"他笑了笑。"但是你只要将评判者接受为自己的一部分，你就能从评判者中走出来。当然，我们运用提问式思维可以带来新的信息，杏仁核的反应也会随之改变，认识到这一点很有帮助。评判者本身不是问题，我们和评判者的关系才是问题的关键。这就是一个简单的公式：评判者 - 转换 - 学习者。而用好这个公式，就要从接受评判者开始。"

"嗯？这说不通啊，我怎么可能摆脱我自己的一部分呢？"

"这听起来确实很矛盾，是吧？"约瑟夫说，"但这是可能的。只要内心接受，就可以打造一个公平的竞技场，使改变成为可能。正如著名的心理学家卡尔·荣格（Carl Jung）所说，'我们无法改变任何事情，除非我们接受它'。然而，要实现公平竞争很难，特别是如果评判者经常在你耳边说悄悄话，那就难上加难了。亚莉克莎有没有和你说过她丈夫斯坦的那次突破？"

"她提到过，"我回答，"据我所知，你帮他赚了一大笔钱。"

"他对此非常自豪，"约瑟夫说，"他把 QT 工具用得很好，是我名人堂的一员。亚莉克莎可能也说过，斯坦是做投资的。他接受了自己评判者的一面，结果非常不错！

"就在几年前，斯坦还非常喜欢评头论足，非常固执，总是想证明自己是对的。他周围很多人都这么认为，但他自己不觉得。一旦和谁起了争执，或者听到关于这个人的负面传言，他就会觉得这个人不行。斯坦会告诉你他对自己的假设和观点的坚持，就像牛头梗犬对骨头那么执着。就因为一些谣言、闲言碎语和连带责任，他拒绝了许多商业机会。他觉得自己这是在让风险最小化，合情合理，但这只是一部分原因而已。

"有一次，他对一家前景光明的初创公司进行了大笔投资。大约一年后，该公司聘请了一位新的 CEO，这位 CEO 曾经供职的公司卷入了一宗重大的金融丑闻。这真的让斯坦很不愉快。虽然这个新来的家伙没有任何不当行为，但斯坦陷入了无风不起浪的假设当中。他差点就撤资了，顺便说一句，这对他损失巨大。说得委婉点，他同时又觉得整件事非常矛盾，因为除了新来的 CEO，这家公司似乎一切都做得很好。

"差不多那个时候，有一天，我和萨拉与斯坦、亚莉克莎夫妻俩共进晚餐。我们讨论了学习者／评判者相关材料，亚莉克莎提到了斯坦的投资困境，并鼓励他去质疑一下自己的假设，使用转换问题来评估自己的投资决策。她建议他应用'ABCD 选择法'来解决问题，这个选择法就是我之前说要告诉你的一个工具。斯坦起初很抗拒，但后来还是答应试一试，而最后的效果让他惊喜不已，ABCD 选择法带来了很大的改观。这就是 ABCD 选择法的工作原理。"约瑟夫打开房间另一头的显示器，出现了下面的表格（见表 8-1）。

表 8-1　ABCD 选择法

A（Aware）	觉察：我现在处于评判者状态吗？这样有用吗？
B（Breathe）	呼吸：我的身体在告诉我什么？我需要退后一步，停下来做个深呼吸吗？
C（Curiosity）	好奇：到底发生了什么（我、其他人、事情本身）？我错过了什么？
D（Decide）	决定：我的决定是什么？我的选择是什么？

在继续讲之前，他给了我一点时间去熟悉表格的内容。然后，他像命名章节一样，标记每个步骤，并对其进行描述。

"A——觉察。我现在处于评判者状态吗？斯坦对此的反应很有意思。在我们仔细研究了评判者的特点之后，斯坦当场就承认了，他很符合这些特点，他的坦诚令人惊讶，他后面的回答也出乎我们意料——'出演评判者简直是我的拿手好戏'。我们都笑了，也知道他开始更诚实地看待自己的行为了。

"B——呼吸。我是否需要停下来，退后一步，深吸一口气，更客观地看待这件事吗？听到这个问题，斯坦笑了笑，还真深吸了一口气，停顿了一下，然后很快承认，他现在这么做一点也不客观，特别是这笔投资涉及的金额那么大。他甚至一句话都没和新任 CEO 说过，就如此不信任他。

"C——好奇。这里到底发生了什么？事实是什么？我错过了什么？或者我在回避什么？我们问斯坦，他有没有去搜集过什么客观信息。为了负责任地做出判断，他是不是掌握了所有的必要信息？斯坦这才意识到，自己因为听到传闻就一直很反感这名新员工。但事实呢？没有，他承认自己完全没有任何事实证据。说到这里，他自己也是大吃一惊。

"D——决定。我的决定是什么？我的选择是什么？好吧，到此时斯坦才意识到，他并没有掌握做出明智选择所需的全部信息。而且鉴于投资金额庞大，他有责任去把事情查清楚。一个月后，斯坦打电话告诉我，他已经查清楚了，表示新任 CEO 是个好人，只是无意卷入了别人的烂摊子。正是斯坦对内心评判者的觉察和接纳，他才能够仔细审视自己的假设，并对新任 CEO 敞开心扉。长话短说，斯坦最终没有撤资，两年后这家公司上市，他赚得盆满钵满。

"整个事情让斯坦停下来思考，真的就如敲响了一记警钟。意识到评判者思维差点让自己损失惨重之后，斯坦告诉我他现在一直在使用 ABCD 选择法，这个选择法已经成为他自我教练的组成部分了。他甚至开玩笑说，他已经开始把这些问题储存在他的大脑里了！如果他当初没能观察，没能接受自己评判者的那一面，反而是一味将其推开，那么这一切都不会发生。运用 ABCD 选择法就要从觉察和接纳开始，并以此为基础。当然，斯坦最后可真是收获颇丰啊！

"如果你今天见到斯坦，你还是会注意到他有时很固执己见，爱评判别人。他非常清楚自己的这一部分，并且接受这一部分。但是做决定的时候，他绝不允许因此而蒙蔽双眼。他甚至会用幽默的眼光看待自己评判者的一面，说 ABCD 选择法可以让自己避免'假设型自杀'。你懂的，就是因盲目假设而失败。"

"真是个好故事！"我发自内心地说道，虽然我花了一秒钟才想明白他说的"假设型自杀"是什么意思。可以说，就算我没有用我的假设击中我的脑袋，我也肯定有几次砸到了自己脚！我在使用指南里找到了 ABCD 选择法，在旁边做了一些笔记。

"想想看，斯坦赚了那么多钱，我的妻子又塑形成功。"约瑟夫提醒我说，"如果他们继续把时间都浪费在评判者身上，批判内心的评判者，又假设评判者的判断正确，那么他们对于自己想要实现的改变，连第一步都没有迈出。"

"这一切听起来很棒，"我说，"真的太棒了。不过，我还有个困惑。学习者听起来很温和，就好似个初学者，而好的领导者必须要坚定、严厉和果断，这两者怎么相互适应呢？做好一名学习者，对我来说有什么帮助呢？"

"亚莉克莎怎么样？"约瑟夫反问我，"她是如何处理棘手问题的呢？"

"有道理。"我立刻回答道。回想起她所做的一些艰难决策，那些我都不愿意面对的决策，当情况需要时，她可以像钉子一样"铁石心肠"，但即使她对我们提出反对意见，她的每个员工也仍然感到被她尊重。

约瑟夫继续说："'学习者严厉'和'评判者严厉'之间有一个重要区别。不管你在哪个立场上，你都可以完成工作。然而，学习型领导所表现出来的严厉可以培养出信任、忠诚、尊重，以及合作和冒险精神；评判型领导则更容易在周围的人身上制造恐惧、不信任和冲突，短期看可能损失不大，但长期肯定损失惨重。"

约瑟夫是在说我的领导风格和噩梦团队吗？我没有这么问，而是和他说起了我另一个关于学习者的困惑。

"学习者不是会让事情进展缓慢吗？"我脱口而出，"工作就是一个又一个的压力，一个又一个的期限。有时，眼见工作堆积如山，又迫在眉睫，我自己都会被吓到。如果我一直保持学习者状态，那完成所有事情岂不要等到猴年马月？我的意思是说，这样我不就比以往还要落后吗？"

约瑟夫提出了更多的问题以回答我的问题。"有多少次，你在匆忙之间犯下错误，责怪自己或别人，然后又不得不重新来过？如此一来，要多花多少时间啊？匆忙之间，你又有多少次对别人不耐烦或不礼貌，然后转头发现，人家之后就不怎么和你说话了？这样对待别人，你又在时间、结果甚至是忠诚度方面付出了什么代价？"

我就那样盯着他看，感觉他简直是一周五天，天天都在我办公室里监视我。接着，他又说："评判者占主导时，工作中就会发生这些事。另外，从提问式思维名人堂的那些朋友那里，我曾一次又一次地听到，学习者确实帮助他们节省了时间，提高了效率。事实上，其中还有一位这么说，速度和效率根本不是一回事，然后还开玩笑说，评判者简直是给效率和成果的道路上设置了减速带！"

"评判者设置了减速带，嗯，这个说法我喜欢。"我说，"这样看来，如果我们都能认识到自己内心的评判者，接纳评判者，转向学习者，然后再开始做事，生活似乎会简单得多。"

"说得太对了！"约瑟夫说，"这就是提问式思维的一个终极目标，我喜欢称之为学习型生活。想象一下，如果人们在大部分时间都这样做，工作将会是怎样一番场景？你会建立起一种学习者文化，甚至可以说有了一个学习者组织。那你的团队呢，本？你经常抱怨的那个团队，他们大部分时间是在评判者状态还是学习者状态？你知道，团队甚至组织，会效仿其领导者的情绪和行为。作为团队的领导，只有他们的业绩好了，你的业绩才能好。"他停顿了一会儿，然后补充说："把我们一直在讨论的这些事情当作一种修炼，就像有些人练习瑜伽、正念或冥想一样。这些事情需要你每天都重视起来，去练习，时时去练，有时甚至是分分秒秒。你练得越频繁，掌握得就会越好。正如我的一个客户所说，这种练习重塑了他的大脑。我也这么认为。很快，你就会用新眼睛去看，用新耳朵去听了。"

约瑟夫看了看他的手表。"我们已经谈了很久了。稍微休息一下吧，然后进入下一步，或者我们可以等到下一次见面再谈。你说呢？"

我心里很纠结。我需要时间来消化刚才谈的那些内容。但坦率地说，我很想听听约瑟夫接下来会说什么，我知道，对于我不久之后要与查尔斯、与格蕾丝进行的谈话，约瑟夫说的那些内容肯定会有所帮助。我只用了一秒钟就做出了决定："好，我们继续吧！"

第 9 章

学习者团队和评判者团队

分裂我们的不是差异，而是对
彼此的判断。

——玛格丽特·J. 惠特利

（Margaret J. Wheatley）

　　休息的时候，我回忆起当年在 KB 公司工作的经历，那会儿与我如今在 Q 科技公司的日子真是截然不同。我比较了一下这两段工作经历，在 KB 公司，毫无疑问，我大多数时间都处于学习者状态。身兼研发工程师和技术负责人，我独自完成了大部分工作，然后向团队报告我的发现，听他们提问，给他们答案。可以说，当时要保持学习者状态是很容易的。相比之下，在 Q 科技公司，我显然更经常性地处于评判者状态，频繁到我甚至不愿意承认。不管我视线投向哪里，总感觉有什么地方出了问题，或是有人没干好本职工作，和团队在一起的时候这种感觉尤为强烈。我怎么可能不走上评判者道路呢？那天，我和约瑟夫继续交谈，我犹豫再三，还是跟他分享了我的这个观察结果，说："我真的不知道该从哪里着手了。"

　　"我想我最好用一个民间故事来解答你的疑惑，"约瑟夫答道，"你可能也听说过神话学家约瑟夫·坎贝尔（Joseph Campbell）吧。他很有名，不管什么情况，都能想出合适的故事。这是我多年前听到的一个故事。

　　"好像是说有个农夫在田里干活的时候，他的犁突然被什么东西卡住了，动弹不得。他的马一跃而起，农夫也骂骂咧咧的。农夫安抚了马之后，又猛地拉住架子，但犁还是纹丝不动。农夫本来就没什么耐心，第一反应就是去评判。难道是石头还是什么别的东西弄坏了他的犁头？那还得把坏掉的零件拖到铁匠那里去修，至少耽误两天啊！他一边骂着，一边开始挖周围的土，想着把犁拉出来。随后他惊讶地发现，犁原来是被埋在地下 6 英寸[⊖]的一个铁环勾住了。

"农夫拉出犁之后很好奇，他清理了一些泥土，继续拉铁环，一个古老的宝箱的盖子随之打开。他往里看了下，眼前出现的是珠宝和黄金，宝藏在阳光下闪闪发光。

"这个故事提醒我们，往往面对艰难险阻时，我们才会发现我们最大的优势和潜能，不过有时我们必须深入挖掘才能发现。坎贝尔有一句话是这样说的，'你在哪里跌倒，哪里就有属于你的宝藏'。为了发掘宝藏，你就要问自己这样的问题——我能发现什么？有什么是我之前没有注意到的？其中有什么可能颇具价值？"

> 你在哪里跌倒，哪里就有属于你的宝藏。
>
> ——约瑟夫·坎贝尔

"这些问题可能都很好。但我还是不明白，这一切对我有什么帮助。我这一团乱麻中，宝藏究竟在哪里？"

约瑟夫轻松接过我的话头，说："挖掘一下，怎么样？我们先来看看你的思维方式、你提出的问题是如何影响你周围的人的。"他向后靠在椅子上，深吸了一口气。"比如说，你领导的那个团队怎么样？你和他们开会的时候，进入评判

⊖　1 英寸≈2.54 厘米

者状态的频率是多久一次？”

“实话实说吗？最近几乎每次开会都这样！”

“那你说说，你和团队成员之间沟通得怎么样？”

“沟通？开什么玩笑呢！我之前也跟你说过，我们的会议开得有多糟糕。我召集大家开会的时候，大家基本上都没什么可说的。他们袖手旁观、无动于衷，等着我告诉他们该怎么做。最后，也只好让我来说，然后查尔斯就对着我没完没了地连珠炮式发问。不管我说什么，他都会质疑。”

“把自己想象成坎贝尔故事中的农夫，”约瑟夫继续说，“你和团队在一起的时候，你是在咒骂着犁被卡住了这一事实，还是在好奇地寻找宝藏之门？你是在找别人的错，还是在想办法、寻找可能性？你是在问自己‘我怎样才能向他们证明我有正确答案’，还是在问‘我们可以一起发现什么，一起成就什么？他们可以做出哪些我预想之外的贡献呢？’”

我不确定自己是怎么做的，但肯定不是按照约瑟夫的建议做的。“说到这儿，我想你得给我点提示了。”

“好的。你也和亚莉克莎开过不少会，不管是面对面还是线上的方式。她是怎么开会的？她说了什么，做了什么？她的会对你有什么影响？”

“我每次都很期待亚莉克莎的会，”我告诉约瑟夫，“她的会总是很活跃，我想马上加入，尽我所能参与进来。会开完了，我内心也带着新的想法，去追逐，去行动。不过我一直不太明白，她是怎么激发出那种活力和激情的。"

我说出那些话的同时突然就明白了。"亚莉克莎会问问题，"我说，"她的会议充满了提问，但又不是那种审问。她真正激发了每个人的兴趣和好奇心，提的问题都是学习者问题，会激励我们，有时甚至会启发我们以新的方式参与进来。"

约瑟夫靠在椅子上坐了一会儿，然后热情地向前探身，说："亚莉克莎提出的那些问题激励着你尽全力去贡献自己，同时鼓励人们放弃评判者身份，以学习者的身份开始工作。而这，就是你整个团队提高参与度的关键。她喜欢说，'学习者招来学习者，而评判者招来评判者'。你甚至可以称亚莉克莎为学习型领导。"约瑟夫停顿了一下，然后问道："你认为她提的问题与你提的有什么不同？在你的会议中，你每时每刻想给大家带来什么样的体验？"

学习者招来学习者，而评判者招来评判者。

"亚莉克莎有她的风格，我也有我的。"我说着，又开始有点生气了。

"你会问问题吗？"

"当然，我会问问题。除了与我的员工面对面交谈，我还会给他们发邮件、发短信，问他们完成了哪些工作，哪些工作又没完成，最近后面这个问得多些。他们很少回复我，这让我很抓狂。"

"如果他们回复你,你怎么倾听?又如何回应?"

"看情况,如果说得还可以,我可能会记下来。但最近每次开完会,我什么都没得到。"

"你讲讲,对你来说,倾听是什么样的体验?"

这个不难。"大多数时候我都相当恼火,而且很不耐烦,"我回答说,"特别是有人说得牛头不对马嘴,还有人根本没有按照我的计划来,真的,我觉得大家都满不在乎。"

"在这样的情况下,你对同事是什么态度?你更多的是处在学习者状态,还是评判者状态?"

"还能是什么!当然是评判者。但是真的没有人愿意做出一点点贡献……"

约瑟夫抬起手,说:"嘿!等一等,我的朋友。你和你的团队在一起的时候,听起来你好像是在用评判者的耳朵听,用评判者的问题进行思考,比如,他们是不是又要搞砸了?这次他们又要怎样让我失望?"

"就是这样,这些听着就像是我的问题,我还能问什么呢……"突然间,我停了下来,"天啊,我刚刚就是被你故事里的铁环卡住了脚趾,不是吗?"

"是啊。你观察得很好!你就像那个农夫一样,第一反应就是评判,这也很自然,"约瑟夫说,"而现在,要按照农夫接下来的做法去做了,拿出好奇心,问问自己'到底发生了什么'，想想你的团队，这次要走学习者道路。"

"和我的团队一起走学习者道路？你这是在开玩笑吧。"我说，"再说，我怎么能做到呢？"

"首先，用学习者的耳朵倾听他们的声音。每次与团队开会之前，把自己重置为学习者思维。试试亚莉克莎问的那种问题，比如，我欣赏他们每个人的什么地方？他们每个人最大的优势是什么？我怎样才能帮助他们开展有效合作？我们怎样才能一起走在学习者道路上？

"我敢打赌，你肯定可以看到，这些学习者问题将如何改变整个会议。亚莉克莎的这些问题创造了一种学习者氛围，邀请包括你在内的每个人带着尊重、耐心和关心的态度去倾听，在此过程当中，你们甚至可能发现一些宝藏。基于学习者问题，我们倾听是为了理解对方，而不是为了找出谁对谁错。这样一来，即使大家面临严峻挑战，每个人也都保持好奇之心，能够承担风险，全力以赴。"

"就是因为面临严峻挑战，我才陷入了困境。"我争辩道，"我们遇上了一些大麻烦，但没有人愿意说出来，更没有人愿意去承担。另外，我们在许多重大决策上的意见都不一致。我们似乎就是无法克服冲突，到达彼岸。每当此时，我都会感到特别沮丧，觉得什么法子都没有用。我知道，自己已经掉入了评判者泥潭。"

"尽管你不可能一直处于学习者状态，也永远不会成为

圣人，但你随时都可以选择要把注意力放在哪里，你和团队
在一起的时候也是如此。你把注意力给了评判者，那就意味
着不可能再把注意力给学习者。接受评判者，实践学习者。
把这句话写进你的脑海里，这对团队、对个人都相当重要。"

接受评判者，实践学习者。这句话对团队、
对个人都相当重要。

"这就是为什么亚莉克莎的会总是开得那么顺利了。"我
反思道，"正如你所说，她会议的氛围就是学习者的。我总
能感觉到，她在全神贯注地听我们发言，她真的很在乎我们
要说的话。她就算进入评判者状态，也不过就一瞬间而已。"
我恍然大悟："她问的都是学习者问题，而且提的问题各种
各样。我还敢打赌，对所认识的每一个人，她在提问和倾听
方面的表现都几乎能得到满分，问得到位，听得认真。这就
是为什么她被称为探询式领导，是吧？"

"就是这样，"约瑟夫说，"亚莉克莎真的很关心每个人
要说的话，当然，她也确实很好奇。她不仅会提学习者问
题，而且还会用学习者的耳朵倾听。亚莉克莎主要倾听以下
问题：这里有什么价值？从这句话中可以学到什么？这对我
们手头的工作有何帮助？她倾听时用到的这些问题，很快就
把她的团队转变成为一支学习者团队。她期待能找到宝藏，
她便用心去寻找，也正因为如此，她常常能找到宝藏。

"选择地图也可以帮助你跟你的团队做到这一点，我们再看一看。目前为止，我们一直把选择地图看作个人思考、行为和关系的指南。现在，让我们把它看作团队工作的指南，从学习者团队和评判者团队的角度来思考一下。

"我认为学习者团队一般是高绩效团队，而评判者团队一般是低绩效团队。研究人员探讨高绩效团队与低绩效团队之间的区别时，你猜他们发现了什么？"

我心里有两个自己在打架，一个根本不想知道，另一个又很感兴趣。但我决定不去猜，回答道："不知道，是什么？"

"首先，高绩效团队比低绩效团队有更多的积极情绪，这显而易见。而且我发现，低绩效团队不怎么探询，也就是不怎么提问，但总是在主张什么，老在推行什么观点，而不去倾听他人。"

"所以重点是，"我说，"如果你想要高绩效团队，就专注于学习者。"

"是的，"约瑟夫说，"但不止于此。研究还表明，高绩效团队始终很好地平衡着探询和主张这两方面，员工可以自在地提出尖锐的问题，开诚布公地讨论。他们甚至可以争论，可以有冲突，但学习者气氛仍然在继续。"

"亚莉克莎的会议就是这样，"我说，"真的很棒！"

"这就是亚莉克莎所说的学习者联盟，"约瑟夫说，"就是团队成员共同努力，一直走在学习者道路上。要是大家都处在评判者状态，那情况就截然相反了，最终将导致严重分化的局面，我称之为'评判者对峙'。那时，每个人都坚持自己的观点，相信只有自己才是正确的，对别人的想法充耳不闻。就好像大家一起被关进了评判者监狱，什么事都做不成，每个人都在指责别人。评判者一旦主导团队，我们就会付出这些巨大的代价。"

学习者联盟，就是团队成员共同努力，一直走在学习者道路上。

我对照选择地图，可以清晰地想象出亚莉克莎的团队沿着学习者之路愉快地慢跑，他们带着学习者问题开启旅程，将注意力无拘无束地集中在新的解决方案和可能性上。亚莉克莎的团队不愧是一支高绩效团队，而我的团队呢？我团队中的大多数人都在地图的底部，深陷于评判者泥潭之中，而就是我把他们推进去的！我真不想承认，但大多数时候，我确实就是评判型领导，而要把大家带出泥潭，唯一办法就是接受这样一个事实。

"我和亚莉克莎正好相反，"我咕哝道，"她似乎自然而然就营造了一个讲究平衡的学习者氛围。"

"她为我们所有人树立了学习者生活的好榜样，"约瑟夫说，"但要记住，她并非一直如此。与我们大多数人一样，她刚开始也会经常很不自觉地进入评判者状态。要想自然而然进入学习者状态，通常需要付出足够的努力，并且抱有强烈的意愿，从而转变思维模式。你可以把这看作有意识地训练你的大脑，训练它去做原本不一定会做的事。任何事都一样，比如学开车、学使用电脑、学骑车，刚开始都需要集中精力，但学好了，很快就会成为第二天性。"

"太多内容要消化了，"我说，"我第一次来见你的时候，说实话只想找个权宜之计，但你给我的显然远不止于此。"

约瑟夫点了点头。

"你就不能把这些浓缩成几句话的忠告吗？"我开玩笑说。

"有多少人会真正听取建议？"

当然，他说得很对。"我想，我在不听建议方面可谓是个专家。"

"我们不都是吗？"约瑟夫回答"我尽量避免给别人提建议，不过还真挺难抗拒的。我知道，如果我能提出好的问题，别人就可以靠自己想出最佳答案。反正无论如何，大多数人只会听从自己的建议，并据此采取行动。但我确实有一个建议给你，本。"约瑟夫露出他那调皮的招牌笑容。"你想听吗？"

"当然。"我说。我俩都笑了。

"就我们正在努力做的事而言，亚莉克莎是个很好的模范。她经历了很多和你相似的事情，才取得了现在的成就。

下次你见到亚莉克莎的时候，可以请她给你讲讲她的经历，她肯定会很乐意的。"

好建议！我心想。然后我问约瑟夫，我跟亚莉克莎还有没有其他事情需要聊一聊。

约瑟夫点点头。"还有一件事。亚莉克莎有个特别棒的想法，就是提问式思维实践，她称之为 Q 风暴[⊖]。这有点像头脑风暴，只不过你是在寻找新的问题，而不是什么答案和主张。请她给你解释解释 Q 风暴，使用指南里也有一个相关的工具。亚莉克莎甚至认为，她许多重大突破靠的都是 Q 风暴。"

这听起来真的很吸引人，而且感觉充满希望啊。那天，约瑟夫和我的谈话就这样结束了。

几分钟后，我走在街上，穿过珍珠大厦对面的公园，来到一片露天运动场。运动场上，一个大男孩在教一个小男孩骑自行车，我停下来看着他们。

小男孩一会儿摔倒，一会儿差点摔倒，但他们还是玩得很开心。小男孩一次次犯错，跌倒在地的时候，有鼓励的喊声，也有绝望的哭声。每次小男孩摔倒的时候，大男孩都会冲到他的身边，给他帮助和支持，鼓励他再试一次。

最后，小男孩成功了。他骑着自行车，一直骑了大概有

⊖　Q 风暴，即问题风暴。——译者注

50 英尺[⊖]，大男孩跟在后面跑，欢呼着胜利。我不禁想，为什么成年人都那么好胜？为什么他们这么不合作，总是想方设法让对方难堪？为什么我非得忍受查尔斯这样的人？想着想着，我开始生气了。

我转过身，最后看了孩子们一眼，然后坐进我的车里。现在，他俩站在自行车旁边，一同大笑。他们脸上的表情告诉了我一切，那位新骑手因为取得了新成就而兴奋不已。他的经历触发了一种"我做到了"的普遍反应，我必须承认，出现这种反应的时候，我也总是兴奋不已。我伸手发动车子，心想，如果我们的团队能像那两个孩子一样一起工作，那该多好啊！我得想想，怎样才能让我们团队中的每个人，一次又一次地体验"我做到了"的反应。

那一刻，我意识到自己做了一件新鲜事儿，我把评判者问题转换成了学习者问题。不错啊，我心想。我的整个脊背都窜起一股兴奋劲。我想，并不是只有那些孩子能体会到"我做到了"的乐趣。我迫不及待地想和约瑟夫分享这一发现。这时我突然明白，也许我真的可以以亚莉克莎为榜样，成为一名学习型领导，同时把我的团队打造成一支学习者团队。亚莉克莎称约瑟夫为探询教练，这人确实有两把刷子！我想看看约瑟夫还有什么锦囊妙计。我开始感觉看到希望了，也许现在挽救我的职业生涯还为时不晚。

⊖ 1 英尺 = 30.48 厘米

第 10 章

魔法时刻

进入一种思维模式，就如同进入一个新世界。

——卡罗尔·S.德韦克

（Carol S. Dweck）

　　几天后，我和格蕾丝吃早餐的时候，格蕾丝提到了詹妮弗，那个在工作中屡屡给她制造麻烦的年轻女孩。格蕾丝甚至还为那天给我打电话发泄的事向我道歉。

　　"我整天都把选择地图放在我的桌子上。"格蕾丝说，"有两个学习者问题不停在我眼前晃动：我想要什么，不管是对自己、对他人，还是对现状？以及，我有什么选择？我把这些问题应用到詹妮弗身上，才意识到我希望她能更通情达理、更积极主动。为此，我尝试了一些新问题。我问自己，为什么詹妮弗需要我提供这么多指导？我意识到自己确实不明白，真的开始好奇起来了。她是不敢自己做主，还是担心犯错会被解雇？我还在想，她是不是还有什么优势是我不知道的。她再来找我帮忙的时候，我没有直接给指示，而是问了她一个问题。我充满好奇地问她，'如果你是老板，你会怎么解决这个问题'？

　　"就这一个问题，开启了一场富有成效的对话。詹妮弗承认，她确实有点害怕我。她认为如果她没有完全按照我的要求去做，我就会解雇她。她以前的老板就是这样对她的，她不希望这种事情再发生了。我们的那次谈话改变了一切。她跟我说，之后她可以很主动、很独立地自如开展工作了。为了解决自己的问题，她还想出了一些好主意。看得出来，她对自己非常满意。我向她表示祝贺，告诉她，我很高兴我们可以交流顺畅。

"我真的很惊讶，也很高兴。而且你知道吗，问一些学习者问题让我每天下班的时候都感觉好多了。我现在才意识到，我对詹妮弗一直都不太客观。我曾以为，她问那些问题是因为她无能。但她真的不是这样，她只是对我没有安全感，认为自己在采取行动、承担风险之前，必须得先和我核实好才行。这么做，她很难有发挥创造力、采取主动性的空间。"

格蕾丝讲述着她与詹妮弗取得的重大突破，我听着松了一口气，她没有问我用约瑟夫的理念后，都取得了什么成果。的确，我的思想发生了一些转变，多少感到了一些希望，而不是想着放弃。但是，我的努力还没有多少成果，我的团队仍然是一个噩梦。

最后离开家的时候，我至少迟到了 20 分钟。高速公路上交通拥挤不堪，我上去后开了一英里，就发现高速公路堵成了停车场。视线范围内，所有车都像蜗牛一样爬行，总共四条车道都是如此。我心急如焚，甚至没有注意到评判者思维已经启动，至少我当时没有立刻意识到这一点。

接着，交通彻底瘫痪了。我咬牙切齿，挂上停车挡，掏出手机查看信息。我的秘书给我发了几条提醒短信，但无济于事，我的压力一点也没少。我本来就很焦虑，早上要和亚莉克莎开会，而且想到下午还要和查尔斯开会，就更发愁了。我两个都没有准备好，尤其是后面那个。

我沮丧地拍打着方向盘，喃喃自语，到底是哪个蠢货的车没油了，毁了半座城市的人一整天。那个该负责的白痴是谁啊？你连累我了！加满油就那么难吗？那个傻瓜难道不知道……

我感觉交通要是再不动起来，我的脑袋就要爆炸了。我浑身紧绷，每一块肌肉都像触碰到了电流，这种感觉太熟悉了。我腿部和背部的肌肉紧绷感最明显，好像随时准备着逃跑或战斗，或者边逃跑边战斗。但此时此刻，我僵在了原地。交通堵塞完全没有任何疏通的迹象，而我必须要去办公室。

突然间，我制止了自己。我对自己说，本，你牢牢站在了评判者道路上啊。我的声音被发动机空转的声音盖住了。然后，我竟然嘲笑起了自己。我的观察者分身来拯救我了！真的是评判者导致了所有身体上的不适感吗？会不会是评判者在滋养我的挫败感和怒火？感到不适的不仅仅是我的脑袋，这一点是肯定的。可能最开始有异常的是我的想法或感觉，但毫无疑问，评判者影响到了我身体的每一部分。我几乎能感觉到我大脑里的评判者蒙蔽了我的思维。

就在这时，我听到了警笛声，几分钟后，一辆救护车在紧急车道上疾驰而过。出事故了！我打开收音机收听交通广播，才得知有两个人伤得很重。哦，天啊！我刚刚还贸然断定是某个混蛋没油了，真尴尬。谁才是真正的混蛋——是我啊！随后，我的注意力转移到伤者身上，我希望他们平安无事。哎，我这是什么毛病，为了一个自己编造的故事而如此生气？多么好的提醒啊！不要相信自己想出来的一切！我注意到，当我的思绪集中在伤者身上时，我的压力稍稍减轻了些：他们会不会得到及时救助？他们疼不疼？这起事故会对他们的生活造成什么影响？

又过了 10 分钟，车还是堵得动不了。我得承认，我又开始感到沮丧和压力了。想到要和查尔斯会面，我就开始发愁，思绪在脑海里翻来覆去，又加剧了我长期以来对他的恼怒。在这件事上，我还真需要一些帮助！约瑟夫会对我说什么？我脑海中传来他的声音，提醒我改变提问有多重要，尤其是关于查尔斯和我的团队方面。

昨天，约瑟夫让我去找个真实场景，测试一下我的学习效果，看看自己可不可以从被评判者劫持的状态中恢复过来。而今天下午，我和查尔斯的谈话将是个再真实不过的场景了。但是，什么样的问题可以帮我摆脱格蕾丝所说的"评判者大脑"呢？又是什么样的学习者问题可以帮到我与查尔斯？想到这儿，车流突然向前移动了大概 100 码[⊖]，然后又停了下来。在那片刻间，我意识到，借着我刚刚问自己的那些问题，我已经踏上了转换道。

㊀　1 码≈0.9144 米

约瑟夫一直建议我，只要我能抓住自己的评判者状态，就应该停下来，祝贺自己更有觉察力。然后，我应该退后一步，看看到底在问自己什么问题。那一刻，我脑海中浮现的问题是，我如何才能离开这里？很显然，我没有什么选择，只能被困在这里，除非交通疏通。接着，我又想到了约瑟夫说的另一句话："我们无法控制所发生的事情，但我们可以选择如何看待所发生的事情。"几乎立刻，一个新的问题冒出来了：我现在能做些什么来充分利用这段时间呢？

> 我们无法控制所发生的事情，但我们可以选择如何看待所发生的事情。

我只花了一秒钟就想出了答案。我从旁边的座位上抓起手机，翻到约瑟夫的号码，拨出电话，他一下就接听了。

"我是本，"我说，"你有时间吗？我堵路上了，真有点抓狂了。"

约瑟夫沉默了一会儿，然后笑了起来："你有没有试着说一句'传送我吧，史考提'⊖？"

"你怎么知道我是个星际迷？"我也笑了，几乎瞬间心情就轻松起来了。

"今天下午我和查尔斯有个会，"我解释说，"我知道，

⊖ 即 "Beam me up, Scotty"，是经典科幻片《星际迷航》中的著名台词。

我必须进入学习者思维，才有可能让谈话顺利进行。但我担心自己会搞砸，我该从哪里开始呢？"

"问得好，"约瑟夫说，"你方便做一些笔记吗？"

"当然，"我说，"请讲。"

我坐在无法前行的车里，听着约瑟夫口述了三个问题，我把这几个问题都记录在了智能手机上，分别是：我在做什么假设？我还能怎么想？对方在想什么，感觉如何，想要什么？约瑟夫解释说，这些问题来自他的"通往成功的 12 个问题"，也是我可以在使用指南中找到的一个工具。

我看了看第一个问题：我在做什么假设？这个问题简单。就查尔斯而言，我必然会做假设。我取代了他，害得他晋升失利。如此一来，他很可能变得很危险，我要是不防着他点，那不是傻吗？我敢肯定，查尔斯最高兴的莫过于亲眼看到我失败了。我也肯定，他会不惜一切代价让我品尝失败的滋味。那样他就可以接替我的位置，得偿所愿了。跟这样的人共事，谁会不认为得小心点呢？

本的三个问题

- 我在做什么假设？
- 我还能怎么想？
- 对方在想什么，感觉如何，想要什么？

当然，这些只是假设，我没有否认。但有些情况下，跟着假设走是最安全的，现在就是这种情况。到目前为止，我和查尔斯之间的种种过节，对我来说都是真实存在的，只有傻瓜才会选择无视。我思考这些的时候，想到了之前读到的学习者／评判者思维表格，有个问题一直在困扰着我：我在捍卫自己的假设，还是在质疑？

虽然我还没太想明白，但我还是先转向了约瑟夫的第二个问题：我还能怎么想？格蕾丝说过的话闪现在我脑海中，那些关于她对詹妮弗的臆断是怎么破坏了她们的关系的话。格蕾丝用选择地图找到与詹妮弗相处的另一种方式，我和查尔斯也能这样吗？

我开始思考其他的可能性。比如，如果我重新考虑我对查尔斯的一些看法会怎么样？我假设他提那些问题是为了让我难堪，但如果不是我想的那样呢？如果他只是想确保我们已经面面俱到了呢？然后，我就想起了约瑟夫告诉我的高绩效团队，以及他们对探询与主张之间的平衡。如果查尔斯无休无止地问问题，只是为了鼓励大家更深思熟虑地进行讨论呢？我觉得自己已经给了查尔斯太多的信任，但也许我没有。我越是从其他角度考虑这件事，越是对自己之前的想法不那么确定了。

我决定，下午见到查尔斯的时候，自己要尝试些新东西。他进我办公室的时候，我会克制自己，不去想他在追赶我，想陷害我。我会尽量保持中立，正如约瑟夫所建议的那样，采取一种"未知"的思维方式，而不再认为我必须无所不知。这个想法闪过我脑海的那一刻，新的想法就纷至沓来。尽管我还没准备好完全相信约瑟夫的理论，但我第一次愿意相信查尔斯，毕竟质疑假设并非忽视假设，而是探索假设。这太棒了，现在我可以做些新鲜的、创造性的且能办到的事了。

我才刚刚开始考虑约瑟夫的第三个问题（对方在想什么，感觉如何，想要什么？），车流就开始向前蠕动了。于是，我暂时搁置了这个问题。不过我上路的时候，新的可能性又在我脑海中铺展开来。如果查尔斯仅仅是好奇，那么他想从我这里得到什么呢？我想起了我第一天任职时，我们之间的一段对话，他说："我得告诉你，我很失望自己没能升职。这家公司很棒，我的家人都很喜欢这座城市，我可不想搬家，我会尽我所能，让公司继续取得成功。"

他说他会尽其所能让公司成功，这句话到现在都让我不太舒服。他这么说到底是什么意思？我当时觉得他说这话暗示了他想抢走我的工作。我难道误解了查尔斯的意图？可不可以从另一种角度来解读他的话？

我比预定时间晚到办公室，当时距亚莉克莎的会还有不到 10 分钟。我坐在电脑前，输入了她的名字，还输入了我在约瑟夫名人堂里看到的那本杂志，随后关于她的文章立刻出现在屏幕上。我浏览了一下这个故事。文章讲述了她在 KB 公司进入破产保护程序后，立即担任 CEO 的事。当时 KB 公司请她来就是为了扭转公司的局面，所有人都劝她不要去，说如果失败了就会毁了她的事业。但她承担起了风险，最终完成了这个"不可能完成的任务"，三年后将公司发展成了一家全球性机构。

我跳过了几段文字。文章最后引用了亚莉克莎的原话，她说她把自己的成功归功于"只改变了我提出的问题"。下一段中，她又提到了她的个人教练和导师：约瑟夫·爱德兹。不然，还能是谁？

读完这篇文章后不久，我就坐在了亚莉克莎的办公室里。我本来是想请教约瑟夫是怎么帮助她的，还有 Q 风暴的一些情况，但我的好奇心占了上风，问起了她关于那篇文章的问题。"你从来没有告诉过我，你还得过年度女性奖的事，"我说，"我刚从网上看到。"

"哦，对，他们称我为探询式领导。你知道吗，我想采访我的那个记者，他大概从来没有听过哪个 CEO 强调多问问题的重要性，这事对他来说可相当新鲜！"想到这儿，她笑了起来，"这似乎很简单，大多数领导人讲得多问得少，所以他们永远不会知道究竟发生了什么。他们往往根据不充分或不准确的信息来决定战略方向，甚至是人事决策。"

"他们只是做做假设，"我补充说，"却从来不去检验这些假设。"

"没错，但我对此一直都不是很理解。"

我从她的话中听到了约瑟夫的教导，但她这么说，显然就是她的真实想法。

"约瑟夫和我讨论了学习者和评判者思维，还有选择地图，"我说，"他告诉我，这里不止我一个人因评判者思维而陷入过困境。"我留心着她的表情，看看她是不是介意我这么说。还好她在微笑，于是我继续说下去。"他建议你可以和我分享一些你在原来公司遭遇的评判者挑战。你一开始都问了哪些评判者问题？"

"你知道吗，现在回想起来，事情似乎很简单，简单到我都想笑了。我当时总问的问题都是这样的：我们现在的困境到底该怪谁？我整夜睡不着觉，躺在床上想要弄清楚该把谁给开了，同时又担心那个该走的人可能是我自己！后来，有一天与约瑟夫在一起的时候，我开始提出了新的问题。我记得第一个问题是：我们如何才能少犯些错？约瑟夫认为这是一个好的开端，但建议我可以再想个更好的问题。"

"你是说更学习者一点的问题？"

"正是如此，"亚莉克莎说，"我想出的一个问题是，'我们如何才能发挥优势，继续成功下去呢'？我当时真的很认真地对待这个问题，时时刻刻都问自己。就是靠着这个新问题，我让每个人都走上了正轨。我能看得出，我之前一直问的那些评判者问题曾让一切变得多么困难。那时的公司文化可以说就是一种高评判文化。评判者思维耗尽了我们的精力，扼杀了我们的热情，把我们分裂开来，因而人人都在互相指责。总之，评判者思维让每个人脱轨，我们朝着不同方向前进，但每个方向都毫无进展。而新的学习者问题激发了我们的好奇心，鼓励我们一起采取积极、专注和创造性的行动。约瑟夫说，要用这个新问题来建立一种学习者文化，而这正是我着手做的事情。很快，我们就扭转了局面，过程非同凡响。直到那时，我才真正领悟到提问的力量，提问可能会导致我们失败，也可以引导我们走向成功。那对我们所有人来说，都是一个巨大的转变。"

"新问题怎么就起了那么大的作用呢？"我问道。

"也许约瑟夫举的一个例子可以解释清楚这一点。有一项研究针对两支水平相当的篮球队，即 A 队和 B 队。A 队的教练强调要在球场上避免失误，日复一日，他们回看视频，重点关注失误，那些失误就这样深深印在了他们的脑海里。相比之下，B 队的教练强调在成功的基础上再接再厉。一天又一天，他们回看视频，重点关注他们胜利的赛事，那些成功深深印在了他们的脑海里。

"简单地说，A 队聚焦于哪里出了错，B 队聚焦于哪里做对了。我相信你也可以猜到，到赛季结束时，哪支球队进步更大。"

"当然是那支成功之后再接再厉的球队啦。"

　　"答对了，"亚莉克莎说，"而且到最后，这两支球队在成绩上的差异可谓令人吃惊。我记得，A 队的成绩略有下滑，但 B 队的成绩提高了近 30%。这件事让我相信了正确提问的力量，我指的是学习者问题。我把同样的原则应用到我们陷入困境的公司当中，戏剧性的变化便由此开始。我们的工作效率提高了，也更享受工作，甚至可以说有了乐趣。创造力激增，士气空前高涨，公司上下都充满了活力。整个公司开始按照学习者原则运作，并转向学习者问题，这也是学习者招来学习者的具体表现。而且，这一切都发生在短短几个月之内，而不是几年内。我想后面的故事你都读过了吧。"

　　回忆起她生命中的那段时光，亚莉克莎沉默了片刻。"还有什么办法能比直接问更自然、更合情合理？"她继续说，"除此之外，你还能怎么去全面了解正在发生的事情呢？又不然，你还怎么能让大家如此热情地付出？还有什么能让大家感到被尊重了，觉得自己所说的和所做的真的很重要？如果不是先有好奇心，我们能发现、学习或创造任何新事物吗？好奇心是我们最宝贵的财富之一，我相信约瑟夫已经跟你强调过了。好奇心是通往学习者的快速通道，是助力进步和变革的优质燃料！"

　　好奇心是通往学习者的快速通道。

　　亚莉克莎讲话的时候，我一直在思考，验证我对查尔斯的假设有多重要。"我的评判者问题是不是蒙蔽了我的双眼，让我看不到他身上某些重要的特质？我真的清楚查尔斯为什么会问那么多问题吗？"我还没来得及制止自己，这话就脱口而出了。

"他问我那么多问题，只是因为他很好奇而已，他想知道答案！"

亚莉克莎关切地看着我。"天哪，你在说什么？"

"不好意思，亚莉克莎，我只是在自言自语。"我回答道，"和你的这番谈话真的让我心潮澎湃，我现在对我的团队、对我们的项目都充满了热情。"

"看来你确实想到点子上了，"亚莉克莎点点头说，"而且我敢肯定，你的新问题将会带来一些真正的进展。"

我的思绪回到了那天早上格蕾丝和我的谈话。在厘清和詹妮弗的关系时，格蕾丝先是问自己"我想要什么"和"我有什么选择"，然后问"我怎样才能更好地了解她"。我意识到，这最后一个问题，我还从来没有问过任何一个同事。瞬间，别的问题又浮现在我脑海里：一个人怎么才能了解另一个人呢？约瑟夫认为，你必须首先对他们好奇，然后去问他们问题，当然是学习者问题。格蕾丝对詹妮弗就是这么做的。我呢，又真的了解查尔斯什么？我感觉自己的好奇心上来了，并且自然而然地想出了一些关于他的新问题。

我想起，我曾得意扬扬地对约瑟夫说起那个老问题：我怎么才能证明我是对的？现在我终于明白了，这个问题是如何导致我的团队认定我是个万事通的。我不再问自己怎么才能证明自己是对的，而是问如何才能更好地了解查尔斯，更好地了解我的团队。我已然开始用全新的眼光来看待查尔斯和我的团队了。这两个问题如此不同，而我对查尔斯的情绪、看法竟然也出现了这么大的反差！

突然间，我想起了 Q 风暴。"趁我还没忘记，"我说，"约瑟夫建议我向你请教 Q 风暴，他说这个工具是你事业取得重要突破的大功臣。"

亚莉克莎扬了扬眉毛，往前坐了坐，笑着说："这是我最喜欢谈论的一个话题了。你肯定听说过头脑风暴，Q 风暴有点类似，只不过你要找的是新问题，而不是答案。这是个好方法，可以让每个人步调一致，协作思考，跳出思维定式。不管是做决策、解决问题、创新，还是解决冲突，我都用这个工具去引发各种各样的新思考。我主要把它用于群体和团队中，不过我也发现，它在一对一的对话中也非常有效。"

就在这时，亚莉克莎桌上的电话响了。"我得接下这个电话，"她说，"我叮嘱助理说不到万不得已不要打扰我们，除非有某个重要电话打进来。"她把手伸过去，拿起电话，按在耳朵上，跟她的助理说了几句话。然后，她抱歉地耸耸肩，用手盖上话筒，告诉我这就是她一直在等的电话。

回办公室的路上我还挺失望，因为我没有学到更多关于 Q 风暴的内容，我还是挺想好好学学这个工具的。在证明约瑟夫的理论确实有一些魔力上，亚莉克莎似乎是一个活生生的证据。这种魔力是不是也开始在我身上起了一点儿作用呢？那一天还是有些惊喜的，最大的惊喜就是，有个你们猜不到的人指导我运用了 Q 风暴。

第 11 章

Q 风暴营救

归根结底，真正的问题就像是
我们在黑暗中小心提着的灯笼，帮
助我们找到方向。

——马克·尼波（Mark Nepo）

　　与查尔斯的会面只剩不到半小时了，我做着准备，进入了自我教练模式，专注在约瑟夫之前给我的三个问题：我在做什么假设？我还能怎么想？对方在想什么，感觉如何，想要什么？

　　然后时间到了，秘书通知我，查尔斯来了。在过去，我会让他等着，但今天，我立即起身，到门口迎接他。我们握了握手，我问他最近怎么样，他回答说挺好的。不过，他看起来有点紧张。好在紧张的可不止我一个人！我当初和他约时间的时候已经做好了摊牌的准备，但从那之后，我对我俩的矛盾的看法有了相当大的改变。我请他坐在了那把舒适的椅子上，问他要不要喝点咖啡或其他饮品。这一定吓到他了，毕竟我以前从来没有这样过。他向我道谢，但说他不用，手里举着他带来的一小瓶水。

　　昨天在思考这次会面时，我回顾了许多从约瑟夫那里学来的东西，还参考了约瑟夫、亚莉克莎跟我谈话的一些细节。他们会问很多问题，而且说话的方式让人很放松。我总感觉他们站在我这边，希望我成功。想到这一点，我发现他们都把我们的谈话变成了一种学习者经历。

　　我记得，比如，约瑟夫会注意不要让桌子或什么障碍物挡在我俩中间，这种姿态让我觉得他确实对我要说的话感兴趣。所以，我决定这一次和查尔斯会面也这么做。事关重大，我想尽我所能，让我们的谈话圆满成功。我把椅子从办公桌后面移开，这样我就跟查尔斯面对面地坐在窗户边，两人相距不过几英尺。没有了桌子的阻隔，我无法建立起权威，不免有些示弱的感觉。查尔斯一开始似乎也有点不太自在。

"我非常担心我们团队的表现，"我开始说，"事实上，我们也真的遇到麻烦了，所以我想和你聊一聊。如果可以的话，我们先从几个问题开始，好吗？"

查尔斯点了点头。

"坦白说，"我继续说，试着想约瑟夫会怎么说，"我已经意识到，我个人可能给团队造成了一些问题。我想改变这种情况，而且我认为应该从你和我这里开始。"

我停顿了一下，观察查尔斯的反应。在我看来，他很专注，也很投入，但看起来还是有些拘束。我代入了一下他的角色，很容易想象出他在想什么。我接着说："我曾对你做了一些评判，现在看来，我的那些理解都是错误的。比如，我知道你已经在 Q 科技公司工作了很多年，或许也在努力争取我现在的职位，我想我的到来对你来说不是什么好消息，而且我认为你在我手下工作会感觉很困难。我说得对吗？"

查尔斯点了点头："我必须承认，确实挺难的。亚莉克莎委婉地跟我说了，还把我的工资上调了一些，但也仅此而已。"

他的回答出乎我意料。他已经意识到问题所在了吗，而且已经在努力地采取行动吗？看起来是这样。有那么一瞬间，我变得很有戒心，心想如果真是这样，也许他应该得到这个职位，而不是我。

"要是我们情况对换一下，我自己也会非常生气。"我说。

"我还在努力，"查尔斯承认，"我想问你件事。"他停顿了一下。"我做得怎么样？"

"想到我让你承担了很多本不应该由你承担的责任，我觉得你做得已经很棒了。"

"我不太明白。"查尔斯说。

我做出以下解释，要说出当时那番话，确实不容易。"我曾经对你做了一些假设，查尔斯。首先，我假设，因为我进入公司，成为你的领导，所以你会怨恨我，不会与我共事。我意识到了我对你的这种评判太不公平。我的第二个假设，与你在我们会上提的问题有关。"

"我提的问题？"查尔斯看起来完全糊涂了。一两秒钟后，他终于回过神来，说："我不明白，为什么我提的问题会成为麻烦？你刚过来，我得知道你想要什么，要把我们带往何方。如果不提问，那我怎么弄清楚这些我不知道的事情呢？"

> 如果不提问，那我怎么弄清楚这些我不知道
> 的事情呢？

　　我还没准备好跟他坦白，我自认为他提那些问题是为了向团队证明我并不知道所有的答案。不过我还是告诉他，我在 Q 科技公司的工作确实需要我在本已习惯的做法上进行巨大转变。"在我以前的公司，"我解释说，"人们来找我要答案。我也很擅长提供答案，甚至赢得了答案专家的美誉。而现在在 Q 科技公司，我领导团队，得靠其他人帮我寻找答案、实施方案，仅仅做个答案专家是不够的。"

　　查尔斯拿起水瓶喝了一口水，然后说："你上任前的几周，亚莉克莎请了一个人来给我们做培训，讲的就是这些事，关于提问和答案。他谈到了提问的强大力量，谈到了提问如何帮助我们变得更有创造性，怎么改变我们的思维、关系、团队，甚至整个组织。他问我们，如果不先提出好问题，怎么能指望得到好答案。他说过的一句话让我印象深刻：伟大的成果始于伟大的问题。"

　　我记得亚莉克莎在聘用我的那天和我提到过这个培训。她跟我说，她邀请约瑟夫过来做一次有关提问式思维的核心培训。她也邀请我参加，但因为时间安排上和我的老东家有冲突，我没能参加。再说，我可是答案专家啊，那会儿我脑子里最不愿意想起的东西大概就是问题了。除此之外，作为团队领导，我还不知道要做什么。我不禁想，如果我那天参加了约瑟夫的培训，如今的局面又会变成什么样呢？我很确信，查尔斯说的就是约瑟夫的那次培训，所以说，他应该对提问式思维、学习者／评判者思维的内容也很熟悉。

"既然我当时没能参加，"我有点担心地说，"也许你可以提些建议，看看我们该如何采用约瑟夫的一些做法。"这句话一出口我就后悔了。我是不是做得有点过头了，削弱了自己的权威？会不会让查尔斯得逞？这时候，查尔斯正双手交叉放在膝盖上，头微微低着，好像在思考如何回答我的问题。而后，他抬起头来，深吸了一口气，说道："每一个错失的问题都是潜在的危机。"

每一个错失的问题都是潜在的危机。

"我不太明白。"我说，"你能再解释一下吗？"

"这是约瑟夫告诉我们的，是在强调提问式思维和提问的重要性。"查尔斯说，"他甚至派发了印有这句话的卡片，我把卡片钉在我的公告板上用来提醒自己。"

"我想，也许我们的团队错失了很多有关我们项目的问题。"我说。房间里顿时鸦雀无声。我不知道接下来该说什么，该做什么，我能想到的就是，直到现在，我还从未邀请我的团队来提问。相反，我还压制他们提问。我一直把查尔斯的问题理解成对我的批评，从而下意识抵触，把我的团队搞得一团"评判"糟。如果约瑟夫说得对，那么我的这种反应就导致很多问题都没人问出口。我的团队参与度不足，我应该对此负责吗？我到底怎么了？为什么我花了这么长时间才明白过来？这些评判者问题在我的脑海里四处盘旋。是个正常人都能看出谁做错了。但我不能停在这里，如果想继续前进，找到真正的解决方案，那么我就必须接受事实，并且要开始提出很多不同类型的问题，也就是学习者问题。更重要的是，我必须鼓励所有团队成员来提问。

"我需要你的帮助。"我说。瞬间，我惊讶地发现我的声音中透出自信的语气。"如你所知，我们的项目已经进入了最后关头，如果不赶快行动起来向前推进，那我们可就真的骑虎难下了。"

查尔斯点点头说："我明白，我也很担心。我向你保证，我会全力支持你。"

"这对我来说意义重大，"我说，确信他的承诺是真诚的，"让我们从这个问题开始：怎么消除我们之间、团队之间的隔阂呢？"我在准备这次谈话时就想出了这个问题。"特别是，大家需要什么，才能帮助团队获得成功？"

有那么一会儿，查尔斯似乎吃了一惊。然后他说："我不知道现在怎么回答你，也不知道怎么就此提出好问题。不过，有一点我很清楚，就是我们俩这次谈话无论聊些什么，感觉都比以前好多了，现在的方向应该是对了。"他停顿了一下，接着说："我想到了一些东西，可能对我们有帮助。"

我生气了。我心想，他又来了。下意识的反应正如过去的无数次。他要挑战我的权威。但我很快冷静下来，就在那一刻，我的脑海里突然冒出了三个自问：我现在处在评判者状态吗？我还能怎么想？我想让这次谈话达到什么效果？如果我想和查尔斯消除隔阂，让团队向前迈进，我就必须放下我之前的那些旧有想法，成败在此一举。

"洗耳恭听。"我说。

"就是约瑟夫教我们的一个方法，"查尔斯说，"他称之为 Q 风暴。"

那一刻，我真是惊讶不已。就在一天前，我可能还会不惜一切代价让查尔斯闭嘴，而今天，我只是说"跟我说说"。

查尔斯站起身来，走到已经成为我办公室永久物的挂板前，拿起一支蓝色粗头记号笔。他解释说："我们的目标不是要想出答案、点子或解决方案，而是要尽量多地想出新问题。想到问题就抛出来，越快越好，我也同步记下来。"

"换句话说，中间也不回应，也不讨论。"我猜测道。

"正是如此。约瑟夫说，这样做的目的是要打开我们思想的新大门，每一扇门后面，我们都可能找到另一个答案或解决方案。每一个新问题都会扩大我们的可能性范围。我记得他的原话是'每个未提出的问题，都是一扇未开启的大门'。"

每个未提出的问题，都是一扇未开启的大门。

"首先，你要描述问题状况和想要达到的目标。"查尔斯解释说，"之后，你要弄清楚你对这个状况持什么假设。"

"你是说，就像我认为你无法与我共事这样的假设？"我说。

查尔斯有些尴尬，但随后还是点了点头。"一旦你明确了自己的目标和假设，你就会看到事情的真相。然后就可以开始集思广益，提出新问题了。比如，你可能会问，我们要怎么共同合作才能达成目标呢？"他说着，把这个问题写在挂板上。之后，他马上加上了另一个问题：我想让团队做出什么改变？

"我们难道还能有什么不想改变的吗！"我感叹道。

"约瑟夫说，Q 风暴成功的秘诀在于保持学习者状态，并注意你提问的措辞。"查尔斯继续说，"如果我们想得到期望的结果，就需要用第一人称来提问。也就是说，主语是'我'或'我们'，这样有助于我们打开思想的大门。"

"好，"我说，"你的意思是，比如这样的问题——我希望发生什么不同于以往的事情吗？我们如何才能更好地倾听？我怎么做才能更有创造力？"

"很棒的问题。"查尔斯一边说，一边飞快地写下来，并在所有的"我""我们"下面划了线。

他刚说完这句话，我不知道我当时是怎么想的，随口就蹦出了一个问题："我怎样才能保持我们之间、团队之间的沟通渠道顺畅？"

我想我看到查尔斯笑了，但他什么也没说，只是把我的问题记在了挂板上。接着他又加了一个自己的问题：我怎么才能不断提出正确的问题？

"我们如何才能更好地陈述目标，使每个人都能更认同？"

"还有更受启发？"查尔斯补充道。

"没错。"我说。

"我们继续，再想些问题！"查尔斯大声说。他在挂板上继续记录着，用蓝色记号笔草草写下以下问题：

- 我能提供什么样的燃料，来激励团队有效运转？
- 我们怎样才能提醒自己把失败当作反馈？
- 我怎么才能避免去评头论足？
- 每位团队成员都有什么优势？
- 我们如何确保贯彻执行所有的承诺事项？
- 我如何让大家明白，承担风险是可以的？
- 我如何让大家明白，寻求帮助也是可以的？

我俩你来我往地接连抛出问题。我和查尔斯竟然合作得如此自然和轻松，真令我惊讶。不一会儿，我们就在挂板上写满了四张大白纸，全是问题，纸写满了又拿下来，铺得满地都是。最后，我建议先停下来，看看我们写的东西。

查尔斯从挂板那边退后一步，说："约瑟夫特别提醒要注意，有些问题是不是我们之前从来没有问过的，这一点很重要。就是这些新问题可以促成重大突破。"

我迅速过了一遍仍留在挂板架上的问题清单，又把地上大白纸上的问题扫了一遍。"是啊，好多新问题呢。"我承认道。说真的，竟然有这么多问题从没提出来过，我真是相当意外。

查尔斯和我站在挂板前，然后把地上的大白纸贴到墙上。接下来的半个小时里，我们把所有问题都看了一遍，还时不时地往上补充了些新问题。当我们开始讨论这些问题的时候，我越来越清楚我们为什么会陷入困境，也越来越清楚怎么做才能实现必要的改变。

一一记下问题，将它们统统摆在眼前，我因此很快进入了自我教练模式，可以更客观地看待我目前的处境。Q风暴让我看到了自己永远也想不出来的可能性。我想起了亚莉克莎的那个重大突破，关于她如何通过改变提问而改变整个公司的故事。至于我们如何实现这种突破，我感觉自己也略知一二了。

查尔斯正在把我们的问题记录进手机里，以备日后参考。

我靠在桌子边上，盯着挂板。"我想，还有个问题要加到我们的清单上。"我说着，走到挂板前，又翻开一页新纸，写道：怎样才能帮助每个人做出最大贡献？

"不错。"查尔斯点点头说。

突然间，"贡献"这个词成为我关注的焦点。之前我热衷于维护自身答案专家的形象，还几乎从未问过诸如这样的问题：其他人能提供什么？他们需要什么，想要什么？我对他们有什么影响？我深刻地认识到，团队失败的根源不是我曾经称之为噩梦的团队本身，而是作为领导者的我！从头到尾，我才一直都是麻烦所在！

"我想我可以再花几小时来讨论这些内容，"我说，"但你知道我从中学到的最有价值的东西是什么吗？"

查尔斯摇了摇头。

"第一，这是一个很好的演示，证明了提问具有打开局面的力量，甚至可能扭转局面。我想可以在团队中应用 Q 风暴，而且要越快越好！第二，对于提问能帮助我们更好地欣赏和理解身边的人，我也有了全新的认识。"

这些启发又为我打开了另一扇大门，我聚焦在了一个新问题上：我愿意让别人帮助我，帮忙解决难题吗？

"本，"查尔斯说，"在我们这次谈话之前，我都不确定我是否还能在 Q 科技公司里继续待下去。说实话，和你一起工作我觉得太麻烦了，不值当。"

"那么痛苦吗？"他的话让我感觉很不自在，但我正在竭力掩饰，甚至有自卫的冲动。但我的内心随后还是发生了一些变化，我感到我的脸咧出了一个尴尬的露齿笑，接着我就大声笑了出来。"我真同情你啊。"我说。

"对不起，我说得太难听了，是吧？"查尔斯说，"但我必须告诉你这些。"

"是的，你确实需要说出来，"我说，"我们都需要说出来。"我向他伸出我的手。他犹豫了一下，然后热情地跟我握了握手，我们和解了，感觉太棒了。在这个过程中，我取得了自己一直期望的突破，而改变提问就是改变一切的关键。我迫不及待地想要告诉约瑟夫今天所发生的事情。

查尔斯离开我的办公室后，我又回到挂板前，开始拟定明早团队会议的计划。这一次，我想提一些好问题，让学习者生活在我们的团队中扎根，从而彻底改变我们一起工作的方式，收获完全不同的结果。我坐在办公桌前，拿出与约瑟夫会面时做的笔记，开始翻阅起来。

我向后靠在椅背上，盯着墙上的那张小标语牌："质疑一切！"是的，我想约瑟夫是对的。这一切现在看来都很简单，对，简单得就像爱因斯坦的相对论！

第 12 章

是爱情啊

在对和错的观念之外，还有一个所在，我会在那里与你相遇。

——鲁米（Rumi）

那天晚上，我带着与亚莉克莎和查尔斯谈话后的兴奋工作到很晚。直到深夜，我还在为第二天早上与查尔斯和团队的会议做准备。我还给亚莉克莎发了一封邮件，请她帮着问问约瑟夫这几周有没有空与我们见个面。时间过得飞快，等我终于想起来看时间，发现已经过了我原先答应格蕾丝的时间，过了整整两个小时。我本想打个电话过去，但转念一想，她这会儿肯定已经睡得很熟了，还是决定不去打扰她的美梦。开车回家的路上，我发现此时已经快深夜 11 点了。

到家以后，我走进屋内，发现格蕾丝正独自坐在光线昏暗的客厅里。她穿着睡衣，在椅子旁的台灯下看书。我跟她打招呼的那一刻，就意识到哪里有点不对劲。她默默地把书放在一边，走到我面前，拉着我的手，把我带到沙发前，轻轻地说着让我坐下。我坐了下来，怀疑她会通知我有人去世的消息，或者说她要离开我了。她坐在我对面那张软垫椅子的扶手上，身体微微前倾，凝视着我的眼睛。事情好像很严重。

"本，"她说，"你得和我说实话，你最近怎么了。"

就像我以前那么多次一样，我的第一反应就是搪塞过去。"我加班了，我和你秘书说了……我想过打电话给你，但估计你已经睡着了。"

"不是关于这个，你知道不是的。"她盯着我看，她的眼神告诉我，她这次不会退缩。

"工作压力很大……最后期限临近，时间太紧了……不过我觉得我今天确实有了些进展……没什么好担心的。"我知道自己在胡言乱语，但说实话，我真的被吓得半死。

格蕾丝缓慢地摇了摇头，顿了顿，然后问："你现在需要什么？"

一时间我无言以对。这不正是我问自己关于查尔斯的问题吗？对方需要什么，想要什么？她是读懂了我的心思，还是不知怎么看到了约瑟夫的"通往成功的12个问题"？

"我需要什么？"我紧张地重复着她的话。"你知道吗，我连自己都不知道我需要什么。"我没有撒谎，我是真的不知道。

"好吧，那让我来告诉你我的发现，"格蕾丝开口说，"自从你接手这份工作，没多久我们的关系就完全变了，你变了。我之前怀疑原因在我，你是不是突然觉得，和我结婚是个错误？我是不是做了什么事冒犯到你，又或者伤害到你了？"

我赶紧举起手，说："哎呀，格蕾丝，不是那样的，根本不是那么回事儿！"一想到我对她的感受如此漠不关心，我就难受得想哭。

"我学了选择地图之后，也意识到大概这么回事，"她说，"但你知道吗，有一点很清楚，就是我们都曾走在那条评判者道路上。我知道我一直在评判自己和你，而且我看到你也处在评判者状态之中。"

我原本就迫不及待地想告诉她，我和查尔斯之间取得的突破，以及这个重大突破对我的工作产生了相当大的影响。但突然间，我和查尔斯的突破，以及它是如何改变我的工作的，这一切在当时都显得黯淡无光，没那么重要了。我想找到合适的语句来告诉格蕾丝，我有多抱歉，害得她如此痛苦。但我当时能做的只是点点头，说我同意她的说法。

"对于我们俩之间，我内心充满了疑问，"格蕾丝继续说道，"今天下午之前，我的问题大多是评判者问题。后来，我开始去想自己可以做些什么，可以说些什么，才不至于让我们陷入评判者泥潭。"

"听你说这些，我心里也不好受，"我说着，低下了头，"但要把这件事说清楚，可能也没什么别的简单方式……压根就没有什么别的办法……"我祈祷自己不要就此失去理智。

突然间，格蕾丝脸色煞白。"求求你，千万别是我想的那样。"她声音颤抖地说着，语气里充满了恐惧。

"什么？"我的脑子里响起了警报声，飞速闪过各种各样的可能性。她从椅子扶手上又向前倾了倾，盯着我看。我深吸了一口气。"等等，"我脱口而出，"你在想什么？你不会以为……"

"我在想什么，想你在办公室里度过的漫漫长夜，想你不回家的种种借口，想你不打电话告诉我你在哪里，想你没时间陪我……我们没时间在一起。"她停顿了一下，说，"你觉得我还能怎么想？"

"格蕾丝……我发誓，绝对不是那样的。"这真的太令人难受了！我从来没有想过，她可能会这样理解我这段时间的加班加点。

我慢慢地摇了摇头，一方面是因为我不敢相信我所听到的话，另一方面也是为了向她保证我没有外遇。"我永远不会那么做，格蕾丝。"我停了下来，认真想了想接下来要说什么，"有件事我想告诉你，但真的太难说出口，我希望你不要因此而不喜欢我……甚至好比知道我另有女人一样厌恶我。"

我的脸发热，声音颤抖。我不知道格蕾丝接下来会是什么反应，我担心说了我工作失败的真相之后，她甚至会离我而去。

"关于约瑟夫，以及我怎么得到拿到选择地图的，我并没有跟你说实话。"我开始说道，"我在工作上陷入困境，什么都特别不顺。在我看来，那时我要么去约瑟夫那里接受高管培训，要么就是递交辞呈。"

"辞职！这一切都是因为这事儿吗？哦，本，我很抱歉！"

"这几个月以来，我一直都在担心自己其实不是当领导的料。我所尝试的每件事都狼狈收场，我让每个相信我的人都失望了，包括你和亚莉克莎，当然还有我本该带领好的团队。这份工作我要是没干好……哎，我害怕这样的结果会影响到我们……你和我。坦白说，我是怕你觉得我配不上你。"

我们都沉默了好一会儿，然后她平静地问道："你是什么时候开始意识到新工作进行得不顺利的？"

"几个星期后就发现了，"我坦白说，"刚开始还挺好，我还真以为我能胜任团队领导的工作。然后就是一个又一个的挑战，我真是应付不过来，后来有一天，我觉得自己快要崩溃了……我就是找不到答案。"

"等等，"她打断我，"这么长时间，你一直都在为这些事烦恼，却对我只字未提？"

"你生气了，格蕾丝，是不是？我就知道结果会是这样。我真的很抱歉，不过我觉我的情况正在好转，事实上，我还挺确定的……"

"你等一下，"格蕾丝说，"你刚刚说，你知道什么？你觉得什么会是这种结果？你知道我为什么对你生气吗？你确定你知道原因吗？"

"当然知道了，因为我把工作搞砸了。"

"不！不！不！根本不是这个！"这句话，她几乎是冲着我吼出来的。

"那是为了什么？"我大吃一惊，茫然问道。难道她发现了比这还严重的罪状，甚至我自己都不知道的罪状？我绞尽脑汁想找个解释。

"我难过的是，你一直对我隐瞒了你的问题。你是我的丈夫，而你却把一件对我们两个人都很重要的事情守口如瓶。"

"我本来想着，一旦把事情搞定，就告诉你。我相信我肯定立马就能找到一份新工作，一切都会变好的，况且你永远都不需要知道这些。"

"换句话说，你还打算继续隐瞒，把我蒙在鼓里。"猛然间，她看起来像是要揍我一拳，"天哪，本，你怎么会这么笨呢？"

我也凝视着她，好像在看一个陌生人，我真的不知道该说什么。

"听我说，"她说，"你最好能听明白我下面要说的话，否则我们永远都相处不好。我想要你跟我分享最真实的自己，你的烦恼、你的疑虑、你的成功，以及所有的一切。我需要你这样做，这对我来说是婚姻中很重要的一部分，这样我才能感觉到与你紧紧相连。我在工作中遇到困难的时候就会和你商量，不是吗？"

"当然，我想你会的。我倒是从来没想过这个问题。"

"你从来没想过！你在跟我开玩笑吗？你还记得你今晚到家后我问你的那个问题吗？"

"记得，你问我需要什么。"

"你还没有回答我，"她说，"我需要你回答，我想让你回答，就现在吧。"

我惊掉了下巴，就只是盯着格蕾丝的眼睛看了很长时间。长到我也不知道过了多久，也许只有几秒钟，但那些瞬间永远铭刻在我的脑海里。你需要什么，这个问题五个字，带着那么多的爱意，好似激光一般穿透了我内心的一堵石墙，一堵我之前根本没有意识到自己在周身竖起的墙。

"我想要的是……"我开口说，"如果我现在完全说实话，我想告诉你所发生的一切，而不要让恐惧阻止我这么做。"

我停下来看了看格蕾丝的表情，然后再继续说下去。她在微笑，不过脸上还有些别的东西，我还没太读懂。尽管如此，我还是要硬着头皮说下去。

"我必须要面对自己的局限。"我鼓起勇气说，"我在评判者的路上走得太久，对自己、对别人都做了很多假设，很多伤人的假设，而所有这些都在工作中造成了严重问题。其中，我需要面对的最艰难的部分就是……唉，生活中还有比做个答案专家更重要的事情，我还有很多东西要学。至少现在，多亏了我们的朋友约瑟夫，我有了一些更好的选择。"

接下来，我把过去几个月里我所经历的一切都说了出来，讲了自己怎么害怕得要死，担心如果无法胜任新职位，亚莉克莎可能就会断定我在 Q 科技公司里带不好团队。那么多日日夜夜，我觉得自己就是个失败者，但又不敢承认自己正越来越快地掉入评判者泥潭，且越陷越深。我快讲完的时候，格蕾丝从她一直坐着的椅子扶手上站了起来，走过来坐在我的腿上，把我的头搂在她的怀里。

"我非常爱你，"她说，"听了你刚才跟我分享的这一切，我更爱你了。但请答应我，你再也不会对我有所隐瞒了。你保证？"

"这可不太容易，"我告诉她，"习惯是很难打破的。而且在工作中，靠抱怨可没法帮你取得进步。"

"你不是在抱怨！哭哭啼啼和诚实坦率完全是两码事。我们应该始终敞开心扉，互相问问发生了什么，并且两个人可以放心地讲实话。要记住，我们在一起。"

又说到了这个——学习者生活，它为人们营造了开放提问、慷慨倾听的空间。这次谈话把我在工作上的突破又提升到一个全新的高度。我完全理解了吗？我没有。但我确实清楚地看到，约瑟夫的办法在家庭里和在工作中一样奏效。

我不记得我具体是怎么说的了，但我记得我告诉了格蕾丝，这次谈话对我有多重要。我感谢她提出问题，感谢她倾听我的困难，感谢她在这样一个艰难时期包容我。

格蕾丝轻轻地吻了我。那一瞬间，我知道自己发生了重大的改变，不仅仅是我和格蕾丝之间，而且是我看待世界的整体方式。

那天晚上，当我们走向楼梯时，我们的手臂仍然搂在一起，虽然这样走起来挺困难的。我们蹒跚着踏上前面几个台阶，就像表演喜剧一样滑稽，我俩都开心得笑了起来。我告诉她我不想放手，但我们的手这样缠在一起，怕是永远也上不去楼梯了。

她俏皮地笑了笑说："那我们可以试试哦！"

我们又吻了一下，我突然严肃起来："我能问你一个问题吗？"

"随时都可以，"格蕾丝说，眼睛里闪烁着光芒，"什么时候都行。"

第13章

回到起点

学习是一种内在力量，它能使
其他内在力量成长。

——里克·汉森（Rick Hanson）

今天下午，我坐在办公桌前，向后靠在椅子上，回想着我们在 Q 科技公司所做出的种种成绩。我右手拿着几年前约瑟夫送给我的红木镇纸，再一次读起了那块银牌上的文字：伟大的成果始于伟大的问题。这句话以及从约瑟夫那里学到的一切，已经成为我内心的指南针、我的私人定位。提问式思维打开了我从未涉足的思维天地，引领我安全地通过了一片艰难的荆棘之地。

我的思绪又回到了那黑暗的一天，我动笔写了辞职信，固执地认为自己没能达到亚莉克莎的期望，认为她想让我离开公司。我在辞职信中谨慎选择措辞，感谢了她对我的信任，并且承认自己不是这份工作的合适人选，讲自己不具备她所期待的那种领导能力，而且根本不知道应该从哪里开始培养。我在心里提前演练着自己要如何与她谈论这些，脑海里充满着各种各样的评判者问题：我到底怎么了？有什么问题？我凭什么就认为自己能当个好领导？我把这一切都搞砸了，怎么和格蕾丝说呢？

正如你所知，我跟亚莉克莎的那次会面与我之前所担心的完全不同。她甚至拒绝打开我的辞职信，真是出乎我意料。她反而把我介绍到约瑟夫那里，让我接受高管培训。她跟我讲约瑟夫有多厉害的时候我还挺怀疑的，但看到亚莉克莎如此热情，我真是无法拒绝。她把他的名片递给我时，我一下子就注意到了上面的那个大问号。我怎么可能看不见呢？那个问号简直就像是要从名片上蹦出来！我翻了个白眼，希望亚莉克莎没有注意到。我当时确信这家伙根本帮不上我，我就是靠着我答案专家的身份才取得好名声的，而亚莉克莎却给我推荐了一个专门研究什么提问式思维的人，这对我来说不可能行得通。

事实是，我得到了一个巨大的惊喜。我把约瑟夫的理论系统应用于实践，得到了非常卓越的结果。虽然接受这个事实并不容易，但我很快就明白了，我的评判者思维已经在很长一段时间里严重阻碍了我的工作。我和团队在一起的时候越是处于评判者状态，他们就越是抗拒我，抗拒我的一切。我想正是在意识到这一点后不久，我就开始有意识地与他们交流，运用约瑟夫所说的学习者思维。与此同时，我开始多问少教。很快，情况就开始明显好转，而且我们团队的合作精神开始凸显，这种合作精神至今仍旧是我们团队的标志性特点。

通过培养自己的学习者思维，我与查尔斯曾经的对立关系发生了巨大变化。多亏了选择地图和Q风暴，我们在彼此掀起的惊涛骇浪中轻松穿行。随着我和查尔斯在工作上的关系越来越和谐，我们所用的方法也得到了周围的人的认可。之前，我认为要想事情有所进展，那我团队的每个人都得有所改变，但事实证明，原来唯一要改变的人正是我自己！可以说，查尔斯和我的关系是我经历过的最有成效、最具创新的一种合作关系。有一件事可以肯定，即如果没有约瑟夫的指导，如果没有我身上的这些变化，那么我就不可能领导好团队，更不可能在竞争中抢先将我们的产品推向市场。

在我们的产品成功上市的几个月后，约瑟夫和我相约共进午餐，他跟我说起了我堵车那天沮丧万分地给他打电话的事。

"我那天在车里焦躁、沮丧，还全身紧绷，真的都不是我的想象啊，"我回应道，"这全都是我的杏仁核的错！"

约瑟夫笑了。

"不过，"我继续说，"也不能否认，想着与查尔斯的会面要迟到，而且本来就不想见他，又使事情变得更加糟糕了。"

"那么是什么改变了你那天的感受呢？"约瑟夫问道。

"是你给我的那三个转换问题：我在做什么假设？我还能怎么想？对方在想什么，感觉如何，想要什么？我开始问自己这些问题，内心随之发生了变化。这些转换问题帮助我进入了学习者思维，我觉得自己已经从那些评判者感受中解脱出来了。"

"那时候你的注意力去哪儿了？"

"注意力转向了查尔斯，但我问的问题与以前完全不同。我没有再评判他，而是基于我自己的假设提了一些学习者问题。我感觉平静多了，不再落入'查尔斯是我的死对头'这种惯性思维里。"

"你的外部环境有什么变化吗？交通状况好转了吗？你面对的难题改变了吗？查尔斯变了吗？"

"没有，除了我，外面什么都没有变。车辆仍旧一动不动，但你的那些问题改变了我对整件事的看法。我去开会的时候非常有信心，一定可以和查尔斯展开一场卓有成效的对话。正如你所知，后来证明事实确实如此，与他的那次谈话真是一个重大突破。"

约瑟夫看上去和我一样高兴。

"我刚开始做这项工作的时候，"他说，"我其实特别好奇，如果我们任由杏仁核的那些原始反应操纵自己，我们的反应究竟会偏离得多离谱。我猜你可能会说，创造工具和方法就是我的热情所在，以此来帮助我们有能力去应对杏仁核的反应，做出自己的选择。但是，我当时并不是从这些方面来考虑的，而是更多地从自我管理的角度。

"今天我所说的提问式思维与优秀的领导力密切相关，它能够营造有建设性、合作性和创造性的环境。这些年来，我最大的收获就是亲眼见证了 QT 工具和策略是如何帮助管理者发展和成长的。"

"我现在明白了为什么不能任由杏仁核来操纵你的大脑，如果那样，你永远无法做到这些。"我若有所思道，心里想到提问式思维迄今为止为我所做的一切，无论是在工作中，还是在我和格蕾丝的关系上。

我想起了与约瑟夫最开始的某次会面中他对我说的话："每次我们被杏仁核劫持，最终都会浪费时间和精力，而这些时间和精力本可以用来寻求建设性和令人满意的解决方案。"这不就是约瑟夫所说的被评判者劫持的本质吗？我有些好奇，写出这句话的作者是不是约瑟夫的朋友，也许这就是约瑟夫自己写的，只不过用的笔名。

我抬起头。约瑟夫又喝了一口咖啡，把咖啡杯放回碟子上，然后满怀期待地看着桌子对面的我。"我把事情拼凑完整了。"我说，"你所做的这些工作会不会是在重新配置我的大脑？有时就是这种感觉。"虽然我是在开玩笑，但必须承认，约瑟夫所做的这些确实带给我一种非常不同的思考方式，我的大脑里正在建立大量的新联结。

约瑟夫缓缓地点了点头，微笑着，眼角又出现了每次一高兴就会出现的皱纹。"我最开始做这些工作的时候，"他说，"我特别感兴趣，怎样才能让人们更好地管理自己的内心状态。我知道，挖掘评判者反应的根源通常能发现某种恐惧，尽管表面上看不出来，但就是这种恐惧会很自然地把我们推向评判者。还记得我们讲过的杏仁核的偏好吗？就是当我们感到有压力或受到任何威胁时，我们的生存本能会关注最糟的情况，所以我们会为生活中的任何事情做好准备。"

"这就是为什么你说我们都是正在恢复中的评判者。"我插了一句。

"是的，就是这个意思！完全正确。无论周边发生了什么，内心发生了什么，管理者都要做到泰然自若，也就是具备自我觉察意识和自我管理能力。他们必须先领导得了自己，然后才能真正有效地领导别人。那天我们谈话后，你经历的整个过程就是一个很好的例子。你确确实实改变了自己的内在状态，而你的视角和选择也随之大大拓宽了。后来你和查尔斯的谈话也因此大不同于以往。

"很明显，如果管理者任由环境和情绪控制自己，他们就会失去良好的沟通能力，失去战略性和主动性。他们的行为会变成'准备-开火-瞄准'，而非'准备-瞄准-开火'，风险重重。最终，他们会失去周围的人的信心、信任和忠诚……而这也是一个团队或组织的合作精神开始分崩离析的时候。"

"这就是提出转换问题、回到学习者思维如此重要的原因。"我若有所思地说，同时心里想着，这对每个人都很重要啊，而不仅仅是对管理者。我走神了一会儿，想起转换问题和学习者思维在我和格蕾丝的关系中起到的作用。我正想和约瑟夫分享这些，但他瞥了一眼手表，告诉我说他得去赴下一个约。他起身把手伸过来，跟我握手，他的手掌坚定而温暖。

我们握手的那一刻我突然意识到，在他的辅导下，我的人生变得有多么不同……还有，亚莉克莎第一次跟我讲起他时，我差点就错过了这个机会。回想自己当初有多蔑视约瑟夫名片上的那个大问号，现在就有多尴尬。那时候，我的身份与答案专家紧紧捆绑在一起！而如今，对我来说，问号的意义已大不相同：它是一个充满可能性的象征符号……

我已经取得了一些成功，我想我也已经在 Q 科技公司留下了一些成绩。但与此同时，我也意识到新的挑战即将到来。亚莉克莎正在为公司扩张制订下一步计划，这让我有些紧张。我在现在的位置上做得很满意，对自己的领导能力也越来越有信心。一切都很顺利，我不希望事情发生什么变化。但我每天都能听到亚莉克莎要重组公司的传言，当然，这对我来说算不上什么新鲜事，但以前每次听到公司重组，通常都意味着裁员，有些人会失去曾经令他们感到安心的工作。

亚莉克莎还没有和我谈过，在这个正在进行的计划中我可能扮演的具体角色。她会把我放在一个更重要的管理岗位上吗？还是说，在约瑟夫辅导我之前，我的那些不足会让她心存疑虑？这些问题一出现在我的脑海里，我的肩膀就会绷紧，提醒我自己正在滑向评判者。在我了解清楚事实之前，我至少要努力保持中立状态。

后来，有一天，我正埋头处理我和查尔斯一起做的一些报告时，电话响了，震得我一下从工作中抽离出来。电话是亚莉克莎的秘书打来的，问我大约半小时后有没有空下楼和老板开个会，能否请我顺便带上那个绿色的文件夹，说我应该知道是哪个文件夹。是的，我知道，就是那个装有我辞职信的文件夹。亚莉克莎要那个做什么？那事儿不是已经过去了吗？

我把手头的工作处理完之后，从抽屉里拿起那个绿色的文件夹，迅速扫了一眼里面，我的辞职信也回视着我。我应不应该回顾一下自己之前写了什么？算了！我把文件夹夹在胳膊下，大步走过大厅，我感觉到腹部揪得慌。我走到亚莉克莎的办公室，站在两扇大门前的时候，听到里面有说话的声音，心里又感到一阵担忧。是杏仁核的回声！这一次，我想起了约瑟夫的话："你有选择。"是的，我有选择，是时候让我的观察者分身站出来了。我深吸了几口气，稳住了自己的情绪。我提醒自己："只要保持学习者心态，你就可以应对接下来关于亚莉克莎的任何事情。"我抬起手，轻轻地敲了敲门。

"进来吧，"亚莉克莎高兴地喊道。她打开门，站在里面，以一个友好的露齿笑来迎接我，我的精神为之振奋。会谈区里两张厚沙发中间隔着一张大茶几，约瑟夫坐在其中一张沙发上。我进来的时候他站了起来，我们互致问候，然后我在他对面的沙发坐下。我注意到茶几上放了一个东西，似乎是一幅倒扣着的镶框画。

"你把信封带来了吗？"亚莉克莎指着绿色文件夹问道。

她说的是什么信封啊？我把绿色文件夹放在茶几上，然后打开。直到这时，我才想起当初申请辞职那次，她给我一个密封的信封，那个信封一直藏在我的辞职信下面。

"这个？"我拿起了那个信封问道。

亚莉克莎点了点头："是时候打开它了。"

约瑟夫从口袋里掏出一把银色的小刀，亮出刀刃，然后刀柄朝我递了过来。"这件事必须要有适当的礼节。"他说着，声音中透着一股夸张的仪式感，我甚至联想到了紧张的鼓点声。

我划开信封，里面有一张纸条，亚莉克莎用她的独特笔迹在上面写道："本入选约瑟夫的名人堂。"这是什么意思？随后，约瑟夫把我刚才在茶几上注意到的那个东西递给了我。我拿在手里，一边欣赏着精美的红木相框，一边用眼睛扫视着玻璃下的打印文件。我还以为是一篇来自《财富》或《福布斯》的文章呢，但不是，上面有一张我的照片，一定是格蕾丝提供的，只有她知道这是我最喜欢的一张自己的照片。

我抬起头，看到亚莉克莎正看着我。"我聘请你的时候，本，"她说，"我就知道这是一场赌博，毕竟你从未担任过这类管理职务，确实是相当大的未知数。但与此同时，我也从没见过你在挑战面前退缩，无论是面对多大的挑战都没退缩过。"

"好吧，总有第一次的。"我说，"要不是你把我介绍给约瑟夫，我可能早就像传说中的哔哔鸟[⊖]一般在尘土飞扬的旋风中消失得无影无踪！"

亚莉克莎笑了起来。"我并不这么认为，我可不是这么看你的，本。"

"没有人要否认你曾经的失误，"约瑟夫补充说，"但给我留下深刻印象的是你如何站起来，再次拿球，并为制胜得分而向前奔跑。"

"你从评判者恢复过来，证实了我对你的直觉，"亚莉克莎说，"你看，我坚信，失败往往是学习的关键。我很确定，在约瑟夫的指导下，你会脱颖而出。"

　　失败往往是学习的关键。

她停了下来，给我时间来仔细看看那份文件。上面写的跟我在约瑟夫的提问式思维名人堂看到的其他文章一样，讲述了人们如何使用提问式思维来克服困难的挑战。我的这篇文章则讲述了我是如何带领团队取得突破，从而帮助 Q 科技公司扭转局面的。读完，我更清楚地认识到，提问式思维是

　　⊖　出自华纳公司的《乐一通》（Looney Tunes）系列动画片中的经典角色，里面有哔哔鸟（Roadrunner）和歪心狼（Coyote）斗智斗勇的故事。

如何帮助我培养自己内在的领导能力的，更不用说它对我和格蕾丝的关系所做的贡献了，想到这里，我不禁微笑。

随着提问式思维帮助我越来越自信的同时，我惊喜地发现，周围的人也开始运用这种方法，几乎潜移默化地渗透进来。当然，我和查尔斯早就把选择地图发给了团队中的每一个人，还把其他内容在办公区域贴了个遍，大家会经常就这些内容提出各种各样的问题。查尔斯和我总是很乐意谈到选择地图，而且在我们讲解完之后，有些人仍然看着地图，用手指追踪路径，也许是在思考怎样把地图应用在自己的生活中吧。

我们团队开始将选择地图所教的内容付诸实践，我们的工作氛围也随之变得越来越轻松，越来越开放。如果有人发现我们的思维方式趋向消极，我们通常就会自发接上一句"对不起啊，我大概是有点儿评判者了"。微笑和笑声取代了早先的那种低落的气氛，我们可以更轻松地分享自己的想法，也更有创造力了，自然就可以更好地解决问题，更顺畅地开展合作了。

大家都开始问更多的问题——学习者问题。这些天，我看到有人在解决难题或准备会议时，会仔细研究选择地图而陷入沉思，每当这时，我都会面露微笑。我常常想起约瑟夫曾经跟我讲的一句话，即"我们生活的世界由自己的提问创造"。这句话是多么正确啊！我学会了用学习者的耳朵，以新的方式去倾听，也学会了在面临冲突的威胁时坚守立场，而这种冲突近来也越来越少了。

今天，我的提问式思维名人堂奖状骄傲地挂在我办公桌的后面，还有一张挂在约瑟夫办公室的名人堂走廊里。每天看到它，都会让我想起约瑟夫教导的力量，这些教导给我的人生带来了翻天覆地的变化，我内心感激不尽。

第14章

探询式领导

差劲的领导很少向自己或他人提问，而优秀的领导会提出很多问题，伟大的领导则更是会提出伟大的问题。

——迈克尔·马奎特
（Michael Marquardt）

一天早上，亚莉克莎冲进我的办公室，手上挥舞着一篇打印出来的《华尔街日报》文章。她把那篇文章往我桌上一拍，脸上洋溢着灿烂的笑容。我还没来得及读，她就开始解释说，她几周前去华盛顿特区做了一次主题演讲，结束后还接受了一位记者的采访，她都快把这事儿忘记了，结果今天收到他们寄过来的这篇稿件副本，让她在出版前审阅一下。

这篇文章的标题是"探询式领导力：在工作中实现高度投入、高度合作和高度创新"。文章的导语概括了主要内容，即探询式领导力不仅帮助 Q 科技公司扭转了颓势，而且创造出了所有人都意想不到的盈利。我继续看下一段话，看到亚莉克莎用荧光笔划出了我的名字。她在采访中以我为例，说 Q 科技公司正在培养我这样的管理人员，她称之为探询式领导。在此之前，我从来没有把自己看作别人的榜样，这会儿都不知该说什么好了。亚莉克莎离开我办公室之前，给约瑟夫打了个电话，跟他分享了这个消息。当天下午晚些时候，我们三个人聚在了一起，开了一瓶亚莉克莎最喜欢的红酒，庆祝这一时刻，并为我们的未来举杯。

"这篇文章是一个里程碑，"约瑟夫指着他带来的一份副本说，"有一段文字特别让我眼前一亮，亚莉克莎，你在这里说，'任何一个组织的文化，要么是设计出来的，要么是默认设置的，而那种默认的文化通常都是倾向于消极、评判的文化。出于这个原因，有意识地去建立一种学习者文化至关重要。对此，只有通过有意识的学习者领导力才能实现'。"

亚莉克莎点了点头。"提问式思维具有普遍意义，可以最大限度地减少人际关系方面的挑战，从而成就更高的生产力，换言之，提问式思维可以引导出更清晰、更具战略性的思维和沟通。"

亚莉克莎又转向我说："我们已经有约瑟夫担任外部顾问，主要是做一些个人辅导，偶尔主持 QT 工作坊。现在是时候将 QT 的影响力扩展到整个公司了。看看你的团队，QT 提供了一种共同语言，带来了简洁且高度直观的工具和事件。"

"那倒是，"我说，"大家在开会的时候，好像总有人拿出一张选择地图说，'嘿，伙伴们，我觉得咱们正朝着评判者道路那边去了'，或者说，'苏珊的洞察力太棒了，直接把我们带回学习者道路了'。"

"听你这么说太好了，"亚莉克莎说，"在约瑟夫辅导的这些管理人员中，QT 技能确实已经掀起了热潮。我可以想象，有一天咱们这里的每个人都会熟练掌握约瑟夫讲授的内容。"

"那么，下一步是什么呢？"我问，尽量掩饰我的心急，"在你的这套计划里，我能做些什么呢？"

亚莉克莎深吸了一口气："我先把查尔斯调到你的位置，

他早就准备好了。"

有那么一瞬间，我发现自己朝向了评判者道路。这是在开玩笑吗？她真的要让查尔斯接替我的位置？那我要去哪？亚莉克莎的这个消息触发了我以前对查尔斯惯有的负面情绪，我花了一点时间关闭我的评判者思绪。

"我希望你能辅导查尔斯度过过渡期，"亚莉克莎说着，朝约瑟夫的方向点了点头。然后，她直视着我的眼睛说："至于你呢，本，我想你来领导一支团队，把提问式思维在我们整个公司推广开来，包括美国本土、国外分部，以及我们的虚拟雇员。实际上，你将成为我们的 QT 大使。"

"我吗……但是……"我结结巴巴地说。

亚莉克莎会意地咧嘴一笑。"本，你对提问式思维了如指掌。你在挫折中奋力前进，又最终获得成功，让你具备了这个领导职位所需的资格。我希望你能换位思考，跳出现有的这支团队去思考，拓宽视野，担负起更大的领导职责。"

我深吸了一口气。"我希望约瑟夫可以随时支援我。"

亚莉克莎笑了。"没问题，我保证。我们正在细化一些事项，为你的团队挑选一些热心于 QT 的员工。约瑟夫正在设计 QT 课程，其中包括编写一本综合工作手册，开发一些基于选择地图的线上趣味课程。我们已经推出了在线的个人学习和协作学习，我们鼓励大家来分享他们成功的学习者故事，以及运用 QT 工具的创新方法。"

"这真是个美好愿景，令人兴奋。"我对她说。然后，仔细想想，这次晋升又让我感到一阵焦虑。"这一切对我来说都是全新的，你确定我已经准备好了吗？我该从哪里开始呢？"

亚莉克莎和约瑟夫交换了一下眼神。"你可以从讲述自己的故事开始啊。"约瑟夫说，"做真实的自己。领导力不仅在于你做了什么，也在于你是谁。就跟大家说说你开始的时候是什么样子，现在又是什么状态，讲讲提问式思维为你个人、你的团队和整个公司带来了什么变化。"

> 领导力不仅在于你做了什么，也在于你是谁。

"分享你的成功，也分享你的挫折和努力。这是个好方法，可以帮助建立信任和联盟，也就是学习者联盟，从而激励其他人去主动效仿你的态度、能力和业绩。作为领导，你往往需要依靠这种学习者联盟来实现有效管理，大家知道你曾经经历过什么，做过什么样的努力，才成为现在的样子，学习者联盟会以你为榜样，信任彼此，尊重彼此。你给了大家相信的力量，让大家相信'如果他能做到，我也能做到'，当人们发现这些技能既实用又可复制，而不是某个人的独有特质，这种信念会更加真实。"

"就像你在使用指南里中描述的那些 QT 工具，"我说，"这些工具一直都是我和我团队的救星。"

亚莉克莎热情地点点头。"当今世界，我们需要有适应性和弹性，能够快速地、有战略性地开展行动，我相信学习者文化能够帮助我们实现这一点。"她停顿了一下，接着说："我一直很喜欢埃德加·沙因（Edgar H. Schein）的一句话，怎么说的来着？'领导者所做的唯一真正重要的事情就是创建和管理文化'。"

"是的，"约瑟夫补充道，"这句话还有一部分，也非常重要。沙因告诫我们，'如果你不管理文化，文化就会管理你，而你甚至可能意识不到这种情况发生的程度'。"

亚莉克莎朝我这边看了看。"这是你工作中非常重要的一部分。"她跟我说，"你将掌握 Q 科技公司的文化脉搏，掌握公司文化对每位员工的影响。你已经不再是答案专家了，本，我现在邀请你担任公司的全球 QT 大使，你的正式头衔将是首席提问官。

"在一个日益复杂和不确定的世界里，我们不能依赖过去的答案，最重要的技能就是向自己和他人提出最好的问题。我认为探询就是应对不确定性的解药，是未来领导者和组织成功的必备实用技能。"

我和亚莉克莎就坐在那里，看着彼此的眼睛，过了很长一段时间。然后我说："我觉得自己就像传说中的开路先锋，即将进入一片全新的领地。"

"你会发现，其实你知道的比你想象的要多。"亚莉克莎说。"这一点，我敢打包票。"

"你手里还有地图呢！"约瑟夫咧嘴一笑，指着恰好挂在亚莉克莎墙上的那张装帧精美的选择地图。

"对。"亚莉克莎说。"你拥有所需的一切资源。想象一下，如果我们大多数人大部分时间都处在学习者状态，那我们能取得什么成就啊！"

她朝约瑟夫那边看去，他点了点头。然后她回头看我："怎么样，本？有什么问题吗？"

"问题？哦，当然了，我有 100 万个问题！你贴得到处都是的那句爱因斯坦的名言——质疑一切，我已经成为这句名言的拥护者了！"

房间里安静了一会儿，然后我们三个人都大笑起来。

"你们两个真了不起，"我们安静下来后，约瑟夫说，"这里正在发生着伟大的事情，对每个人而言都是如此。有意识地打造学习者文化，这是多么鼓舞人心的愿景啊！我不禁要问：现在和将来，QT 还能为我们所有人带来什么？"

提问式思维工具使用指南

在下面的内容中，你将学习约瑟夫介绍给主人公本的"提问式思维工具使用指南"，我在每个工具下方标注了对应章节名。

许多组织都运用此指南开展团队讨论，重点聚焦领导力、工作效率、经营业绩、沟通和创新等方面。

有读者分享说，他们会在书上做标记，以便在准备工作会议或与朋友或家人谈话中轻松访问 QT 工具。

如果还想获取其他"改变提问"资源，我邀请你加入我们的学习者社区（www.InquiryInstitute.com），大家可以免费获取彩色版选择地图，阅读我们的博客，加入我们的"改变提问"读书俱乐部，上面还会不断更新资源清单上的各种材料。

- QT 工具 1：赋能你的观察者。

- QT 工具 2：时刻铭记选择地图。

- QT 工具 3：在工作中发挥提问的力量。

- QT 工具 4：区分学习者思维、评判者思维，区分学习者问题、评判者问题。

- QT 工具 5：与评判者交朋友。

- QT 工具 6：质疑假设。

- QT 工具 7：善用转换问题。

- QT 工具 8：建立学习者团队。

- QT 工具 9：用 Q 风暴实现突破。

- QT 工具 10：通往成功的 12 个问题。

- QT 工具 11：教练自己和他人。

- QT 工具 12：探询式领导力——感受提问式思维的力量。

QT 工具 1：赋能你的观察者
（见第 2 章"接受挑战"）

目的：扩展自身能力，即使在压力下也能活在当下，更专注、更有弹性、更有策略。你的观察能力越强，你就越能掌控自己的想法、感觉和行动，即使在重压之下，你也不容易受他人和环境控制。

讨论：在第 2 章中，约瑟夫解释说，我们每个人都具备观察
　　　能力，有时这种体验就像观看自己演的一部电影。你
　　　可以想象自己身处一个安静的地方，心情放松而舒
　　　适。你带着好奇心，从一个超然物外的反思视角来看
　　　自己，只关注"当下如是"。占据了这个有利位置，
　　　你可能会注意到自己变得越来越"留心"自己的观点
　　　和假设是怎么影响自己的世界的，你也就会越来越有
　　　意识地做出有效选择。

　　转换到观察者模式是一个非常宝贵的技能，不管这种转
换是什么程度，都可以帮助你在压力之下有效地去协商、决
策、行事。处在观察者分身的理想位置上，我们能够思考自
己的想法，识别出所提问题的类型，一旦发现自己出现评判
者苗头，可以及时转换到学习者状态。

　　下面列举三种简单的方法，可以帮助你赋能自己的观
察者。

练习 1：下次电话响起的时候，什么都不要做，就让电话响。
　　　　观察一下自己的反应，比如你想知道是谁打来的，
　　　　或者急着想接听，急着查看来电显示。总之，观察
　　　　你的想法和感觉，随它们去，而不是因此采取什么
　　　　行动让它们消失。为了保持观察者的状态，你要把
　　　　注意力集中在电话声的音质上，把这当作当下最重

要的工作，目标就是你可以更有意识地去感受观察者的体验。

练习 2：置身于挑战性情境之中，请你进入观察者模式，而不是跟随你的冲动去行动或以其他方式表达你的想法和感受。提醒自己，你不必去"回应"那些冲动，就像不必去接听电话一样。

站在观察者的有利角度去观察和倾听，你很快就会发现新的可能性出现在你的面前。然后当你真正采取行动时，你会更加深思熟虑、深谋远虑、心无旁骛，也就会收获更好的结果！

练习 3：下次你被评判者劫持的时候，按下暂停键，独自静静地坐一会儿，提醒自己现在还不是采取行动的时候。相反，请注意你在那一刻的想法、感觉或需求。做自己最好的观察者，尊重这一刻，把这一刻视作一次重要而有意义的练习，提高自己的观察者能力，即使在感觉上自己什么都没做。

平静地问自己"现在情况如何"可以随时激活你的观察者分身，这是认识到自己处于评判者状态并接受当下现实的最快的途径。正是这个察觉我们身在何处的"觉醒"时刻，给了我们真正自由的选择权。

QT 工具 2：时刻铭记选择地图

（见第 3 章"选择地图"）

目的：人们常说，虽然我们无法控制周围的人和事，但我们确实可以选择如何应对。一旦我们熟悉了选择地图，并将其牢牢印进脑海里，我们就能最大限度地运用选择地图，帮助我们选择应对周围人、事的方式。

回到第 5 章，本的妻子格蕾丝取下他贴在冰箱门上的选择地图，带着地图飞奔去上班，因为她特别需要选择地图来解决她与同事之间的难题。这一幕抓住了选择地图的精髓，它是一个实用工具，用于提出问题和选择思维模式。不管在家里还是在办公室，工作还是休闲，选择地图都能最有效地指导我们的行动和经历。

讨论：在本的故事里，约瑟夫指导他使用选择地图，来观察他所提问题对应的思维模式，并识别不同思维下的可能结果。在每一次辅导过程中，对于本如何改变他的提问以获取最佳结果，选择地图是解题关键。这里有四种方法可以让你做到这一点。

练习 1：首先把注意力集中在选择地图的图像本身，直到你可以在脑海中画出来。参照这一心理图像时，想象自己站在选择地图左侧的十字路口，那里有一些想法、感受或环境（可能跟你的事业或生活相关）正在影响着你。然后，分别尝试两条路径（评判者和学习者），也就是就此情境，分别向自己提出评判者问题和学习者问题。花点时间，考虑一下两种问题可能产生的结果。每条路径如何影响你的情绪、你的思想、你的行动？如果你处于评判者的状态，有什么转换问题可以让你踏上转换道，回到学习者的领地？想着脑海中的那幅选择地图，简单地问自己：我现在在哪里？我处于评判者状态吗？我想去哪里？就现在这个情况而言，我的最终目标是什么？

练习2：运用你脑海里的那幅选择地图，从过往做得不太成功的事情中吸取教训。看看是不是被评判者劫持阻碍了你的成功？换作现在，你会怎么运用学习者思维来处理类似的事情呢？

练习3：运用你脑海里的那幅选择地图，从过往做得比较成功的事情中学习经验。想想有哪些学习者问题起了作用？如果当时你也曾有过评判者思维，你是问了自己哪些转换问题，以避免陷入评判者泥潭，从而走上学习者道路的？你从这些观察中吸取了哪些可以让你终身受益的好经验？

练习4：医学院流行一句老话："看一次，做一次，教一次，就成你自己的了！"在工作和家庭中与他人分享选择地图，可以帮助你与你遇到的任何人建立并强化学习者关系。请注意，与他人分享选择地图时，确保自己处在学习者状态！

（注：选择地图的彩色版可以在网站上免费下载：www. InquiryInstitute. com）

QT 工具 3：在工作中发挥提问的力量

（见第 2 章 "接受挑战"）

此工具有两部分：第一部分（即内心问题）讲的是如何更有意识、更有效地问自己问题，第二部分（即人际问题）讲的是如何更丰富、更有效地问别人问题。

1. 内心问题

目的：更好地觉察你内心提出的那些问题，你带着这些问题进行思考，并逐步提升这些问题的数量和质量。记住，提问和倾听是一枚硬币的两面。

讨论：在本意识到他向自己提出的问题（不管是学习者问题，还是评判者问题）会影响到他所能取得的结果时，他就开始改变了。接着，他开始运用提问式思维系统中的各种工具来完善自己提出的问题。

不管我们有没有意识到，我们的所有行动都由内心问题所驱动，有些问题甚至在我们意识到之前就早已酝酿多年。即使是一些很平常的事情，也是由问题驱动的。比如，为家庭度假做准备这件事，你打包行李的时候，你走到衣柜、书柜或者药箱那里，会问自己一些问题：我们去的地方天气怎么样？除了休闲装，我还要带正装吗？哪些衣服好带还不起皱？还有，我们要去多长时间？你首先通过做出选择在脑海中回答了这些问题，然后才行动起来，比如把一些东西放进了行李箱。

目的地不同，你问自己的问题也截然不同。例如，非洲的探险之旅和巴黎的浪漫之行就非常不一样。如果你到达目的地后发现自己忘了什么东西怎么办？事实上，这恰恰意味着你在收拾行李时忘了问自己关于那个东西的问题。

下面有两个简单的练习，可以增强你对内心问题（或称为"自我提问"）的认识。第一个练习会让你注意到生活中处处都是内心问题，第二个练习则聚焦在我们通常向自己提问的问题类型，以及这些问题带来的体验和结果。

练习1：明天早上你起床的时候，做一个关于个人提问的小研究。注意一下你在穿衣服时问自己的那些问题。接下来的一天中不时地问自己，就你自己的行为以及与他人的互动而言，此刻哪些问题可能会驱动你的行为。你需要耐心观察才能识别出这些驱动行为的问题，但如果你能继续坚持下去，你会发现内心问题在生活中发挥着巨大作用。

练习 2：注意一下，对于一天中发生的各种事情，你是什么反应。你的第一反应是陈述句（答案），还是疑问句（问题）呢？

如果你的第一反应是陈述句，试着把它改成疑问句，同时注意一下，在陈述句变成疑问句之后，你的情绪、行动或社交互动是怎么因此发生变化的。还要注意观察，你的陈述句或疑问句与它们所带来的体验和结果是不是存在什么相关性。

练习 3：要成为一个好的听众，首先要注意自己在想什么，然后把这些想法放在一边，这样你才能听到别人说的话。如果你只听自己的话，就很难听到别人在说什么。用学习者的耳朵去倾听，而不是用评判者的耳朵。

2. 人际问题

目的：更清楚地觉察你问别人的问题，包括这些问题对他们造成的影响，同时改善你所提人际问题的数量、质量和意图。

讨论：在本的故事中，约瑟夫帮助他认识到提问的重要性，包括：

- 收集信息。

- 增进理解，加强学习。

- 培养关系，改善关系，维护关系。

- 清醒认识，确认所听内容。

- 激发创造力和创新。

- 解决冲突，建立协作。

- 寻找假设，挑战假设。

- 设定目标，制订行动计划。

- 探索、发现并创造新的可能性。

练习 1 : 你的提问和陈述（问 / 说）的比例大概是多少？你说的比问的多吗？练习多问问题，少说，少提建议。当你这样做的时候，你有什么发现吗？

练习 2 : 回忆一下，对你的个人生活或职业生涯来说，是不是有某个问题在某个时刻起到了积极的作用。问题是什么？结果又如何？到底是什么让这个问题造成了如此大的变化？

QT 工具 4 : 区分学习者思维、评判者思维，区分学习者问题、评判者问题

（见第 3 章的表 3-1，以及第 6 章的表 6-1、表 6-2）

目的：区分我们的学习者思维和评判者思维，以及两种思维

模式是如何影响我们的想法、感觉、行动、关系和结果的。

讨论：在第 3 章中，本运用约瑟夫的评判者提问与学习者提问表格，来确定自己所提问题的类别，并了解这些问题对他自己、其他人和特定情境的影响。随着他对提问式思维的掌握逐渐熟练，约瑟夫又介绍了识别学习者思维和评判者思维的一些工具。

下面的练习可以让你体验到本的经历，他在识别学习者和评判者两种模式在智力、情绪、身体层面产生的差异中，不断强化了个人的这种觉察能力。

练习：看看表 3-1 中的评判者一栏，注意一下这些问题对你的身体、情绪和智力的影响。如果你和大多数人一样，那么评判者问题可能会使你感到无精打采、恐惧、情绪消极、紧张不安，甚至有点儿忧郁。在 QT 工作坊里，有些人反馈说，他们在思考评判者问题时，会屏住呼吸，甚至感到头疼！

现在切换到学习者。做个深呼吸，放下评判者，然后缓缓读出表格右侧的学习者问题。再注意一下你现在的感觉。许多人反馈说，学习者问题让他们感到精力充沛、乐观、心态开放、充满希望，并且更加放松。他们觉得自己受到了鼓励，想去寻找解决方案和更多可能性。正如有人所说："当我用学习者的眼光看世界时，我对未来充满希望。"

　　大多数人都反映，与这两种思维模式相关的问题会引起人截然不同的情绪，进而造成截然不同的想法、感受、行动和表现。学习者思维和评判者思维是如何影响你的经历，以及可能性的呢？

　　再探讨一下，这两种模式分别如何影响你与其他人的互动。不管是你的，还是其他人的，评判者思维如何影响彼此间的交流与关系？换成学习者思维，又是如何影响你与他人的交往的？问问自己，在类似情况下，学习者思维会产生什么影响。

QT 工具 5：与评判者交朋友
（见第 4 章"走出评判者状态"）

目的：更好地觉察并接受自己和他人的评判者心态。

讨论：随着本越来越清晰地意识到自己的评判者状态（第 4
　　　章），他发现他经常成为自己评判者模式的攻击目标。
　　　不过，约瑟夫鼓励他与评判者交朋友，引导他渡过这
　　　个看似进退两难的困境。

　　虽然这似乎有悖常理，但我们越是接受自己和他人的评判者，就越有能力转换到学习者状态，也就是处于学习者状态时，我们才会最灵活、最专注、最机智、最有策略，也能

更好地与他人相处。

练习1：每当你发现自己或他人处于评判者状态时，可以考虑写简单的日记，做一些简要记录。那些你正在问的评判者问题、任何与评判者相关的身体感觉或情绪，你注意到了的话也记下来。如此一来，你就可以渐渐建立起对评判者的意识。

练习2：在手腕上套上一根橡皮筋，每当你发现自己被评判者劫持时，你就轻轻拉一下，同时内心祝贺自己识破评判者的能力又增强了！

练习3：在一些不带感情色彩的情景下，比如看电视的时候，拿出10分钟的时间去故意做评判。例如，毫无顾忌地批评某新闻主播的发型、声音或穿着。这样做的时候，注意你自己的感受和想法，你会越来越熟悉评判者，也就越来越有能力把自己转换为学习者。

练习4：请注意，不要以评判者来对待评判者！当你发现你正在评判自己或别人的评判者时，退后一步，祝贺你的观察者分身正在践行使命。有了这种觉察意识，你就获得了从学习者角度看世界的自由，受益匪浅。

QT 工具 6：质疑假设

（见第 10 章"魔法时刻"）

目的：最大限度地避免因错误的、未经验证的或不完整的信息而产生的错误，以及始料未及的损失。

讨论：在本的故事中，他和格蕾丝都做出了错误的假设，妨碍了有效沟通和创新思维。错误的假设会破坏我们为实现目标和愿望而付出的努力，包括破坏我们建立和保持和谐关系的能力。而在他们发现了自己假设中的盲点后，本和格蕾丝都扩大了他们的选择范围，共同打造了一个更积极、更令人满意的未来。

　　如何去评估自己假设的准确性，从而避免"假设型自杀"？先是要有勇气和意愿，去察觉并审视自己的假设。养成有技巧地对自己和他人提问的习惯，可以说是为有价值的新观点的形成和发展播下种子。通过提问发现和质疑假设，对于帮助你走出困境、取得预期结果是至关重要的。

练习：回忆一下你曾束手无策或想改变结果的某个情境，运用下面的假设破局，帮助自己认识那些错误假设。你可以好好想想，把你的回答写下来。

- 我对自己做了什么假设？
- 我对他人做了哪些假设？
- 我过去的哪些假设，现在看来可能不再准确了？

- 我对现有可用资源做了什么假设？
- 我假设什么是不可能的，什么是可能的？

QT 工具 7：善用转换问题

目的： 做好从评判者路径转换到学习者路径的路线修正。（确保自己在脑海中描绘出选择地图，并参照地图中的转换道。）

讨论： 第 6 章中，约瑟夫向本介绍了转换道——从评判者到学习者的捷径。同时把转换问题看成纠正路线或方向的问题，这些问题确实可以把你从评判者经历中解救出来，不但可以让你有机会选择新方向，有时还能让你取得重大突破。

就其本质而言，转换问题是"从……到……"型问题，可以将我们从评判者状态带到学习者状态。无论我们有没有意识到，我们其实都是在使用转换问题；我们越是能意识到自己在使用转换问题，也就越能随心所欲地选择转换问题。

最好的转换问题是那些让你感觉最自然的问题。下面是转换问题清单，其中有些问题由工作坊学员提供。

- 我现在处在评判者状态吗？（这个意识永远放在第一位。）

- 这是我想要的感受吗？

- 这是我想要做的吗？

- 我希望自己处于哪种状态？

- 我怎样才能达到那个状态？

- 这有用吗？

- 事实是什么？

- 我还能怎么思考这件事呢？

- 我做了什么假设？

- 对方在想什么？感觉怎么样？想要什么？

- 这种情况下我还能找到什么乐趣呢？

- 我现在的选择或决定是什么？

- 我是否正在成为我想成为的人（或管理者、家长等）？

练习1：回忆一下过去你面对困难而成功逆转的某次经历。试着回想，你当时在那种情况下可能使用过的转换问题，并探讨一下为什么这些问题会产生作用。一旦你发现自己是凭直觉提出来的问题，那么就意味着你可以更有意识地、有技巧地、成功地使用转换问题了。

练习2：在第8章中，约瑟夫向本介绍了 ABCD 选择法。挑选一个眼下你希望改善的挑战，按照故事中的 ABCD 选择法去应对吧。

QT 工具 8：建立学习者团队

（见第 9 章"学习者团队和评判者团队"、第 11 章"Q 风暴营救"）

目的：探讨一下对于建立高绩效团队和组织而言，应用提问式思维和了解学习者、评判者的区别会带来什么好处。

讨论：在第 9 章中，约瑟夫使用选择地图来探讨学习者团队和评判者团队之间的区别。本则考虑如何将他的评判者团队转变为由学习者原则和实践指导的团队。

　　与团队共事有时会颇具挑战，而且很容易让人陷入评判者模式。你可能会停止倾听，强推自己的决定，或者一旦事情不顺就去责怪别人。你可能对自己进行评判，觉得自己做不了什么贡献，消极怠工，甚至干脆停工。或者，你也可能评判别人，贬低别人，批评他们的想法。评判者占上风的时候，只能是两败俱伤。而引入学习者团队的概念之后，每位成员都可以遵循规则，撤了评判者的职，步入学习者的行列，进而激发大家的工作热情和效率，在方方面面赢得回报，总之学习者对每一个人都能产生积极影响。

练习 1：问问你的同事，他们是否曾经在评判者团队中待过。这个问题通常会引起一些讽刺的笑声。再问问他们，是否在学习者团队工作过。第二个问题通常能激发他们的好奇心，大家会就个人经历、合作的难易程度、结果等方面的差异进行公开讨论。

练习 2：结合选择地图，讨论学习者和评判者思维模式的影响。你可以讲些评判者代价和与评判者对峙的概念，然后介绍学习者联盟的原则，并讨论为了形成学习者联盟，团队需要做些什么。

练习 3：向你的团队介绍 Q 风暴（第 11 章）。然后，和团队一起进行 Q 风暴，基于选择地图，就如何在会议中进行有效沟通与协作，探讨制定一些指导准则。

练习 4：注意一下，评判者（你自己或别人的）是否指出了值得关注的问题或价值。

QT 工具 9：用 Q 风暴实现突破

（见第 11 章"Q 风暴营救"）

目的：强化合作性、创造性和战略性思维，以促成突破，取得更大的成功。

讨论：第 11 章中，本从查尔斯那里学会了 Q 风暴，帮助本和他的团队取得突破，Q 风暴的习得也成为本领导力发展的一个关键。

Q 风暴最常用于在决策制定、问题解决、战略规划和创新方面寻求突破。这一工具可以帮助人们超越现有思维的限制，跳出条条框框，打开思路，找到新的解决方案和答案。虽然 Q 风暴与头脑风暴类似，但它的目标是尽可能多地提出问题，以期其中的一些问题能打开新局面，找到新方向。一般来说，提问开启思考，而答案往往会阻碍新发现。

Q 风暴建立在以下三个前提的基础上：①伟大的成果始于伟大的问题；②只要好问题提得足够多，绝大多数难题都可以迎刃而解；③我们向自己提出的问题往往会为开启新思路、新可能性提供良机。

Q 风暴通常是在小组或团队中完成的，特别是在探索新的方向和可能性的时候。两人之间进行目标导向的对话时也会用到 Q 风暴，比如，在教练、领导力、管理和销售等方面。Q 风暴可以面对面进行，也可以线上进行，比如，遍布世界各地的全球团队，或身处不同地点的教练与客户之间都可以开展 Q 风暴。

在提问阶段开始之前，导师和团队要在一块儿集中精力，制定出一个清晰的目标，并引导大家说出关于这个目标的假设。Q 风暴结束后，人们通常会根据过程中的发现，制订或调整行动计划。

提问指南：

- 提出的问题应当使用第一人称单数或复数，即"我"

和"我们"。你要想出新问题，而不必真的去问别人。

- 以学习者思维提出问题，避免成为评判者。

- 提出的问题大多是开放式的，而不是封闭式的（"我怎样才能？"而非"我能吗？"，"我们怎样才能？"而非"你能吗？"）。

- 鼓励勇敢地甚至挑衅地发问，同时也鼓励"傻傻的""蠢蠢的"问题。提问追求数量，而非质量。

　　Q 风暴作为一个强大的创造性思维工具，我们可以自由地尝试。对于面临复杂难题或挑战的团队或群体，可通过以下网址找到专业的 Q 风暴导师，链接为 www.InquiryInstitute.com。

QT 工具 10：通往成功的 12 个问题

（见第 10 章"魔法时刻"）

目的：为个人和团队提供一连串的问题，以便在做出改变和开启新方向之前，创造性地充分考虑项目和目标。

讨论：在第 10 章，本被堵在路上，为接下来与亚莉克莎和查尔斯的会面而苦恼发愁。他打电话给约瑟夫，约瑟夫给了他"通往成功的 12 个问题"中的三个。这三个问题开启了本在提问式思维上的突破，让本在工作中和夫妻关系中都取得了成功和喜悦。

12个问题清单至少可以有三种用法：

1. 这是一个合乎逻辑的问题序列，可以帮助你搞定任何你可能想要改变或改善的情况。

2. 你可能只是想浏览清单查缺补漏一下，看看有什么问题自己忘了问。

3. 在特定情形下，如果你希望强调某个最合适的问题，你也可以求助于此问题清单。

这些问题适用于生活中各种各样的挑战。所以，你会发现把这些问题融入你的日常思考是很有用的。一旦面临挑战，你就能自然而然地想到对你有帮助的问题。

练习：想一个你陷入困境或寻求改变的情境。在此情境中，你可以从几个不同的角度来问以下问题。问问自己："我想要什么？"问问别人："你想要什么？"或者问问那些与你长期交往的人："我们想要什么？"

问题清单如下：

1. 我想要什么？我的目标是什么？

2. 我在做什么假设？

3. 我应该承担什么责任？

4. 我还能怎么想？

5. 对方在想什么、感觉如何、想要什么？

6. 我错过了什么，或在逃避什么？

7. 从这个人或这件事上，我可以学到什么？从这个错误或失败中，我可以学到什么？从这次成功中，我可以学到什么？

8. 我应该问（自己或他人）什么问题？

9. 我怎样才能把这种经历变成双赢的局面？

10. 有什么样的可能性？

11. 我有什么选择？

12. 什么样的行动步骤最合理？

请把这份清单放在你容易看到的地方，以便时常查阅。当然，你最好把这些问题记在脑子里，这样它们就会自然而然地成为你思维的一部分。

QT 工具 11：教练自己和他人

目的：强调 QT 方法在辅导自己和他人方面的特殊功能。

讨论：我们总是期待领导者能够指导自己解决我们在工作中提出的问题并帮助我们达到目标。请注意，约瑟夫在书中的方法主要是帮助本提出问题，引导他找到解决办法；同时，他也在教导本自我教练的方法，即自己可以帮助自己完成以上事项。

这种双管齐下的方法加深了教练和客户之间的合作关系。其中传递的信息是，虽然教练不会直接替客户修复自我、解决问题，但客户将不断学习技能、工具和方法，以此来解决自己的问题和完成相应目标。正如约瑟夫做的那样，教练为其辅导的客户营造了安全的环境，客户身处其中可以获得 QT 工具的实用经验。在这方面，教练是在授人以渔，帮助客户进行自我教练，让他们无论做什么都更有效率，甚至包括与同事的合作。

如果你主要对 QT 工具在教练实践中的应用感兴趣，请从约瑟夫的角度阅读本的故事，跟随他对本的教练过程，看看他如何使用这种双管齐下的方法。比如，早在第一次教练课程（第 2 章）中，约瑟夫就告诉过本，后续学习的 QT 方法将如何为选择更明智、提问更多更好、事情结果更好而奠定基础。作为本的教练，约瑟夫明确表示，学习 QT 方法是他们课程的一个部分。

约瑟夫接着与本分享了课程背后的一些理论背景，然后介绍了第一个技能，即"QT 工具 1：赋能你的观察者"，这也是使用指南中的第一个工具。

在每次教练工作的开始阶段，将客户的注意力转向选择地图，为你和客户今后的对话指明方向，对于像 Zoom 这样的线上会议也很有价值。客户面前要是有一张选择地图的话，教练可以问："你认为自己在选择地图的什么位置上？评判者，还是学习者？是在评判者泥潭里，还是在转换道上？想知道下一步该怎么办吗？"快速浏览一下选择地图，对教练和客户都很有启发。

随着客户对 QT 方法越来越了解，在课程中越来越配合，你和你的客户都能运用 QT 工具来阐明目标和解决问题。通过这一方法，客户会更有自我意识，更善于自我管理和自我教练，也将有能力、有信心与同事、团队建立起超越教练关系的合作关系。

请记住，选择地图本身具有很强的直观性，往往能在大脑中映射图像。当选择地图完全融入你的思维时，只要回想一下这个图像，你就能立即使用 QT 方法的那些教练元素，可谓习惯成自然。

当你准备与客户分享选择地图时，想一想自己在地图上的位置。如果你发现自己有一些评判者思维的话，问问自己：我的评判者想告诉我什么？哪些转换问题可以帮助我进入学习者状态？选择地图在哪些方面对我的客户最有帮助？记住，学习者思维就是教练思维。

运用同样的这些 QT 工具来探索看看，你如何在每次谈话的时候都保持学习者状态，不管对象是你的客户，还是与你生活、工作相关的任何一个人。

QT 工具 12：探询式领导力——感受提问式思维的力量
（见第 14 章"探询式领导"）

目的：通过展现本成长为一名探询式领导的过程，聚焦提问式思维的方法、好处和结果。

讨论：在当今的商业和组织生活中，人们越来越意识到，我
们需要那种拥有高度自我管理能力和社交能力的领
导。《情商》（*Emotional Intelligence*）一书的作者丹
尼尔·戈尔曼指出，随着我们越来越聚焦于智力服务
和知识服务，人际交往能力"在团队合作以及帮助人
们共同学习如何更高效工作方面会显示出越来越重要
的作用"。

大卫·洛克在《财富》（*Fortune*）杂志中进一步指出："在
团队中是否有能力与他人顺利合作，取决于我们能否理解其
他人的情绪。一个知道自己员工真正想要什么、在乎什么的
老板，比那种仅仅关注项目要素的老板，更能创造出绝佳的
团队氛围。"

在本书中，亚莉克莎、约瑟夫，还有本，都代表我提出
了探询式领导所具备的美德、品质和特征。其中包括思想开
放、好奇心强，以及坚定果断。探询式领导有自知之明，会
自我反省，并致力于为自己和周围的人持续成长。他们适应
性强，有创造力，并能坦然面对未知。他们从战略上思考、
合作和管理。当然，他们也会有意识地向自己和他人提出许
多学习者问题。

遵循教练原则（QT 工具 11：教练自己和他人），探询

式领导明白，提问和倾听会让他们更敏锐，联系更紧密，也会让周围的人更有力量。他们在自己的思考和决策中，在与他人的沟通时，都运用学习者问题，获得很好的结果。他们知道，如果不能提出那些关键问题，会存在潜在危险，且让他们错失良机。他们也知道，什么时候应该停止提问，开始行动！

探询式领导有意打造了一种学习者文化，这种文化高度重视和鼓励探询；探询式领导在整个组织中以身作则，同时让大家也探询起来。他们问得多，教得少，建议得少，如此，鼓励合作、创新思维和新的可能性。他们用自己的言语、事迹和行为鼓励大家更敬业、更有干劲、更有担当，并激发出信任、尊重和忠诚等品质。在第14章中就体现了亚莉克莎、约瑟夫和本为Q科技公司的未来所设想的学习者文化。

本书的主要目标就是为建立自我意识和自我管理技能提供一个模型样板，也许听起来很简单，但这在当今世界可谓至关重要。本作为一名领导者的成长历程，让我们明白了我们是如何觉察到自己的评判者思维，以及转换问题是如何将评判者思维不断重置为学习者思维的。在选择地图的指导下，这些QT自我管理技能是探询式领导力的核心。使用这些工具可以让我们增强自信，学会放松，情绪灵活，并有能力对他人和环境做出有效反应。探询式领导就是这样创造出学习者文化的！

在选择地图的帮助下，在本的故事的启发下，我相信 QT 工具会在你的日常生活中证明其价值。请你今后寻找机会，应用你从书里学到的内容。记住，领导者以身作则，赋能他人，才能带领好团队。无论你是否身处正式的领导岗位，都会在生活中遇到领导力方面的挑战，包括家庭里、朋友交往中等几乎所有社交场合。

《改变提问，改变人生》讨论指南

《改变提问，改变人生》采用了现代寓言的写作方式，里面的人物面对着真实挑战，故事取材自现实生活。这样一来，读者不仅得到了清晰的书面指导，还看到了应用这些经验所带来的好处。选择这种写作方式是因为研究表明，我们吸收新信息的最佳方式要么是通过趣闻轶事，要么是目睹它作用于他人。

正如你所知，本书的主题是思维和提问，讲述了它们如何影响我们的行为、知识局限性、行动有效性、对自己和他人的感受，以及我们的工作业绩和生活幸福。为此，本书借助了提问式思维（QT）这一套实用、易学的工具和原则，它由全程推动本书故事进展的高管教练约瑟夫·爱德华兹发明。

其他角色（本、格蕾丝和查尔斯）则代表了每一位正在努力应对工作挑战的个体。在书中，我们看到了约瑟夫的提问式思维工具帮助他们认识评判者思维与学习者思维、评判者问题和学习者问题之间的区别，并在二者之中做出明智选择，从而将他们的个人成长和职业发展提升至新的水平。

最后，是 Q 科技公司的 CEO 亚莉克莎·哈特，她是一位与众不同的老板，凭借提问式思维的智慧，带领公司走向成功。她的领导才能体现在她激励员工的能力上，她营造了一个学习者环境，激发出每个人最好的一面。

考虑到以上几点，请思考并讨论以下问题：

1. 故事开始时，你注意到本是什么思维了吗？你认为他的思维如何影响：①他对自己的看法，②他作为团队领导的效率，③他与查尔斯合作的能力，④他与格蕾丝的婚姻，以及⑤他作为领导者的未来？

2. 本书的第一课，就是本第一次注意到他办公室墙上的镀金镜框中的一句话"质疑一切"。讨论一下爱因斯坦的这句名言，这样一句简单的话是如何适用于约瑟夫的教导的？在你的生活中，如何才能通过多问问题支持自己和其他人？

3. 在第 2 章中，你认识了本的妻子格蕾丝。对于他们的关系，你注意到了什么？要让这段关系取得成功，你觉得本的思维模式中的哪些方面会构成巨大挑战？同时，请讨论一下，他们之间紧张的婚姻关系会如何影响本在工作中的表现。在你的生活中，你的思维模式是不是会带来一些挑战？

4. 翻到第 3 章，即选择地图，回忆一个你经历的棘手的情况，不管是过去还是现在。基于你学到的有关思维模式方面的内容，描述一下在那段经历中，你处于评判者状态是什么样子的，当时你脑子里想的是什么评判者问题？然后再描述下，转换道和学习者问题是怎么帮助你改变思维、行动或结果的。

5. QT 工具中最强大的工具是走进自我观察者，并提出转换问题。在第 12 章中，注意一下，当他们开始问不同的问题的时候，本和格蕾丝的关系发生了什么变化。回忆一下你在自己的生活中遇到的类似经历，改变你的提问会如何改变你的人际关系？

6. 如果你正在与团队一起工作，或者正在寻找一种方法来克服工作或生活上的挑战，你可以考虑使用 Q 风暴，正如第 11 章和使用指南中的 QT 工具 9 所描述的那样。

7. 讨论一下你、你的部门、你的组织、你的家庭或社区如何运用 QT 工具，以获取创新的解决方案，建立更成功的关系。

8. 讨论一下学习者思维如何能让我们在社交媒体和公共对话中更容易找到共识。

注　　释

序言：那位成功运用提问式思维并荣登《公司》杂志的读者就是大卫·沃尔夫斯凯尔（David Wolfskehl）。请参见《公司》杂志 2007 年 5 月利·布坎南（Leigh Buchanan）所写的文章《赞美无私》(In Praise of Selflessness)。

导读：这段关于我所做研究的话，引用自大卫·洛克和琳达·J. 佩吉合著的《脑力教练：实践基础》，第 153 页。该书 2009 年由约翰·威利父子出版公司（位于美国新泽西霍博肯）出版。

故事出自宾夕法尼亚大学沃顿商学院的《沃顿工作通讯》（2012 年 8 月），领导者的纳米工具《转变思维：能带来结果的提问》(Shifting Mindsets: Questions That Lead to Results)。

《提问的艺术：以问题为中心的短期治疗指南》是我

写的一部认知行为心理学方面的教材，该书于 1998 年由约翰·威利父子出版公司出版，署名用的是我未婚时的名字——梅若李·戈德伯格（Marilee Goldberg）。

第 2 章：驱动游牧民族行为的问题范例，源自心理学家马克·布朗（Mark Brown），具体参见麦克尔·J. 盖博（Michael J.Gelb）所著的《像达·芬奇那样思考》（*How to Think Like Leonardo da Vinci: Seven Steps to Genius Every Day*）。该书 2004 年由戴尔出版社（位于美国纽约）出版。

第 6 章：这句话引用自维克多·弗兰克尔所著的《追寻生命的意义》（*Man's Search for Meaning*），第 66 页。该书于 2006 年由灯塔出版社（位于美国波士顿）出版，其初版于 1946 年在奥地利出版，原书名为 *···trotzdem ja zum Leben sagen: Ein Psychologe erlebt das Konzentrationslager*，翻译为《······尽管如此，请对生活说"是"：一位心理学家的集中营经历》，其英译本最早于 1959 年由灯塔出版社出版。

第 7 章：这句话引用自坎迪斯·珀特博士所著的《美好的感觉：你需要知道的一切》（*Everything You Need to Know to Feel Go(o)d*）。该书于 2007 年由贺氏书屋出版。

第 9 章：约瑟夫·坎贝尔的农夫故事和那句名言"你在哪里跌倒，哪里就有属于你的宝藏"，均出自约翰·M. 马赫（John M. Maher）和丹尼·布里格斯（Dennie Briggs）选编的《开放的生活：约瑟夫·坎贝尔对话迈克尔·汤姆斯》（*An*

Open Life: *Joseph Campbell in Conversation with Michael Toms*），该书于 1990 年由鹏瑞利图书馆（位于纽约）出版。

这篇文章研究了主张和探询之间的关系对团队表现的影响。请参见弗雷德里克森·L. 芭芭拉（Frederickson L. Barbara）和马西亚尔·F. 洛萨达（Marcial F. Losada）合写的《积极效应和人类繁荣的复杂动态》（Positive Affect and the Complex Dynamics of Human Flourishing）一文，载于《美国心理学家》（*American Psychologist*）（2005 年 10 月），第 678-686 页。

第 10 章：回看不同视频（胜利赛事或动作失误）对篮球队的不同影响，这个例子出自 D. 基尔什鲍姆（D. Kirschenbaum）的一篇文章《自我调节与运动心理学：培育一种新兴的共生关系》（Self-Regulation & Sport Psychology: Nurturing an Emerging Symbiosis），载于《运动心理学杂志》（*Journal of Sport Psychology*）（1984），第 8 期，第 26-34 页。

第 13 章："我们生活的世界由自己的提问创造"这一概念是基于我第一本书《提问的艺术》最后一章标题的再创作。那一章的标题是"用我们的提问创造世界"（*With Our Questions We Make the World*）。

第 14 章：埃德加·H. 沙因（Edgar H.Schein）所著《组织文化与领导力》（*Organizational Culture and Leadership*），该书于 2010 年由约塞巴斯出版社（位于美国旧金山）出版。

工具 12：丹尼尔·戈尔曼所著《情商：为什么情商比智商更重要》(*Emotional Intelligence: Why It Can Matter More Than IQ*)，该书于 1995 年由班坦图书公司（位于纽约）出版。

大卫·洛克的《为何组织会失败》(Why Organizations Fail) 一文，载于 Fortune.com（2013 年 10 月 23 日）。

术 语 表

思维模式（Mindset）：我们对自己、他人和世界所持有的信念、假设、期望和可能性。我们的思维模式并非一成不变，而是每时每刻都在不知不觉中改变。或者，如果我们能运用自如，就可以有意识地选择改变我们的思维模式。

提问式思维（Question Thinking）：关于我们如何有意识地运用提问来进行思考，是一种有目的、有技巧的提问方法，可以提高我们向自己和他人提问的质量和结果。

学习者思维（Learner Mindset）：此思维模式的特征是好奇、灵活、开放和欣赏，所有这些特征都包含在我们对自己、他人和世界的一系列信念、假设、期望和可能性中。每个人都有学习者思维。

评判者思维（Judger Mindset）：此思维模式的特征是渴望正确、掌控、安全和确定，一定程度上源于我们的生存本能。评判者思维通常对自己和他人持批判、评判的态度，所有这些特征都包含在我们对自己、他人和世界的一系列信念、假设、期望和可能性中。每个人都有评判者思维。

选择地图（Choice Map）：一个自我意识和自我指导的工具，它列举了我们所有人都有的两种思维（学习者和评判者），有助于定位我们在任何特定时刻所处的思维模式，从而使我们能够描绘出自己当前的心态可能把我们带往哪里，同时可以帮助我们选择是继续目前的道路，还是改变思维，走一条不同的路，通往理想结局。

转换（Switching）：这是每个人改变思维模式的先天能力，也是一种可以有意培养的技能。

ABCD 选择法（ABCD Choice Process）：这一 QT 工具描述了从评判者思维转变为学习者思维的过程，即意识到自己的思维模式，花点时间退后一步，深呼吸，对自己产生好奇，并决定下一步该怎么做。

学习者生活（Learner Living）：致力于在我们的日常生活中创造更好的体验、人际关系和结果，这样我们就有更多的时间处在学习者状态，并减少评判者出现的频率和影响。

学习者倾听和评判者倾听（Learner Listening and Judger Listening）：我们倾听时的思维模式会影响我们对所听内容

的理解。学习者的耳朵是带着学习者问题去倾听，比如"他们说的东西有什么价值？"；评判者的耳朵则是带着评判者问题去倾听，比如"他们说的有什么不对？"。在任何时候，我们都可以选择用学习者的耳朵或评判者的耳朵去倾听。

致　谢

在此，我要向所有支持我学习者生活之旅的人表达深切感谢。他们和我一样，都相信提问式思维的变革力量。

感谢 Hal Zina Bennett 先生，你不仅是我的写作教练、编辑，还是我 20 多年来思想上的伙伴。你的智慧、你的专业、你的善良，都留在了我每一本书中，温暖了我的生活。感谢 Anna Leinberger 和 Steve Piersanti，在整个出版过程中，你们孜孜不倦地指导我，让我受益匪浅。

谢谢 Detta Penna，有你这个朋友真好，感谢你为我在 BK 出版社的所有书设计了精美的版式。

非常感谢 Debbie Berne 为第 4 版《改变提问，改变人生》设计了封面。

感谢 BK 出版社以及出版社的同事们：María Jesús Aguilo，Valerie Caldwell，Michael Crowley，Kristen

Frantz，Katelyn Keating，Catherine Lengronne，Neal Maillet，David Marshall，Katie Sheehan，Jeevan Sivasubramaniam 和 Johanna Vondeling。

深深感谢探询研究院的家人们和顾问团队。他们包括：我的合伙人 Kim Aubry，她可是 QT 卓越大使；Andrea Lipton，我们的高级学习总监；以及 Lisa Kanda，我们的市场总监。还要感谢 Lina Avallone，Mark Brodsky，Lindsay Burr，Sam Cook，Christeen Era，Carmella Granado，Steve Miranda，Mary Pierce，Mary Power，Nancy Rapport，Becky Robinson 和 Melissa Swire。感谢我的审稿人：Alan Briskin，Mary Gelinas，Jeff Kulick，Ella Mason，Daniel Siegel 和 Susan Walters Schmid。

特别感谢我的朋友、家人和同事：Joan Barth，Cecile Betit，Diane Chew，Janet Cho，Phil Cisneros，Roy Goldberg，Anne Goldberg，David Grad，Karen Kaufman，Bev Kaye，Robert Kramer，Claire Lachance，Landmark Worldwide，Stewart Levine，Nancy Lopez，Jyoti Ma，John McAuley，Mark Miani，Ellyn Phillips，Brad Pressman，Audrey Reed，Amy Ryan Rued，Melanie Smith，Linda Noble Topf，Jessica Ventura，Gen Kelsang Wangden，Harold Weinstein 和 Jim Wilson。

一如既往，我从我的学生和客户身上学到很多。不管是探询研究院的首席提问官认证课程（Chief Question Officer Certificate Program），还是我们的 QT 工作坊，参与其中的学员都成了我们的老师、同事和朋友。

在此，也向为《改变提问，改变人生》慷慨作序的马歇尔·古德史密斯鞠躬致谢。

我的丈夫埃德·亚当斯是我的缪斯，我很幸运能和他共度此生。每一天，他都为我们的生活带来创造力、爱和欢笑。当然，他有时也会说："你为什么要问这么多问题？！"

学习者资源

　　免费下载选择地图：正如你在书中所了解到的，选择地图是一个强大的自我教练工具，可以帮助你了解你的学习者思维和评判者思维，并发现新的问题，以获得你想要的结果。下载免费的彩色版选择地图，请访问 www.InquiryInstitute.com。

　　"改变提问，改变人生"读书俱乐部：加入"改变提问，改变人生"读书俱乐部，加入我们的学习者社区吧！与世界各地的学习者交流互动吧，大家都想要运用书中的概念来学习、交流并相互支持。注册加入，请登录 https://inquiryinstitute.com/learner-resources。

选择地图课程：你想知道如何在日常生活中使用选择地图，体验更多的快乐，建立更多的联系，并提高工作效率吗？选择地图在线课程将带你探索自己的思维模式，以及如何在自己身上、在自己和他人的关系中有效使用选择地图。更多信息请访问 https://InquiryInstitute. com/learner-resources。

七天成就学习者生活：为了强化你的学习者思维，养成学习者习惯，七天成就学习者生活在线课程将帮助你发挥学习者思维的优势，了解评判者思维，并在自己陷入评判者思维时知道如何切换回学习者思维。更多信息请访问 https://InquiryInstitute.com/learner-resources。

思考力丛书

学会提问（原书第 12 版·百万纪念珍藏版）

- 批判性思维入门经典，真正授人以渔的智慧之书
- 互联网时代，培养独立思考和去伪存真能力的底层逻辑
- 国际公认 21 世纪人才必备的核心素养，应对未来不确定性的基本能力

逻辑思维简易入门（原书第 2 版）

- 简明、易懂、有趣的逻辑思维入门读物
- 全面分析日常生活中常见的逻辑谬误

专注力：化繁为简的惊人力量（原书第 2 版）

- 分心时代重要而稀缺的能力
  就是跳出忙碌却茫然的生活
  专注地迈向实现价值的目标

学会据理力争：自信得体地表达主张，为自己争取更多

- 当我们身处充满压力焦虑、委屈自己、紧张的人际关系之中，
  甚至自己的合法权益受到蔑视和侵犯时，
  在"战和逃"之间，
  我们有一种更为积极和明智的选择——据理力争。

学会说不：成为一个坚定果敢的人（原书第 2 版）

- 说不需要任何理由！
  坚定果敢拒绝他人的关键在于，
  以一种自信而直接的方式让别人知道你想要什么、不想要什么。